别让坏脾气害了你

害了你

邢群麟 / 编著

线装书局

前　言

　　发脾气，是生活中常常碰到的现象。不少人脾气暴躁，遇事容易冲动，不能理智地控制自己的脾气，特别是对一些不顺心或自己看不惯的事，常常容易发怒，同周围的人争吵，说出一些使人难堪的话，既伤害别人，又伤害自己。发脾气，能解恨，但也很可能会走极端，将人的感情撕碎，即使心灵的伤口愈合了，也抹不去留下的疤痕。很多人都是因一时的坏脾气而大动干戈，有导致伤害的，有结下仇恨的，有后悔终生的，有互不来往的，有遭受报复的。有人因脾气不好，在家中气走了爱人，疏远了孩子；有人因脾气不好，在社会上得罪了朋友，失去了贵人；有人因脾气不好，在单位里惹怒了上司，丢掉了工作。一个人很可能因为脾气不好而断送掉自己身上所有的优点，使自己的人生全军覆没。因为脾气不好的人，常常给自己和别人带来苦恼，使别人觉得难以与之相处。有人做过调查，发现绝大多数男女青年在选择配偶时，都把对方脾气好作为条件之一。根据经验我们也知道，在一个家庭或一个单位里，如果有一两个脾气不好的人，常会使这个家庭或集体笼罩在不祥的气氛之中。一个脾气不好的人，走到哪里都会被别人视为害群之马，敬而远之。

愤怒的情绪是一个误区、一种心理病毒，它同其他病毒一样，可以使你重病缠身、一蹶不振，甚至会影响到你的生活、工作、学习和命运。因为坏脾气而导致人生随之改写，走向失败的境地，实在是一种很愚蠢的行为。因此，我们一定要告诫自己，千万不要让坏脾气害了自己！包容人，包容事，忍下的是一时之气，得到的却是长久的安然、宁静、和谐与友好，其善莫大焉。

坏脾气是导致人生失败和不幸的根源，相反，好脾气具有正面的、令人积极进取的能量，能让我们拥有成功的人生和幸福的生活。改变自己的脾气，命运就可以随之发生改变。如果你想拥有一个健康的身体，首先你要有一个好脾气；如果你想拥有一个和谐的人际关系，首先你要有一个好脾气；如果你想拥有一个快乐的人生，首先你要有一个好脾气。

目 录

第三章　愤怒是魔鬼，让你距离"幸福之城"越来越遥远

第四章　想得开、放得下，别被坏脾气拖进痛苦的深渊

第七章　斗气不如斗志，给暴躁的脾气换条跑道

第八章　抛下负面情绪，遇见尘世中最健康的自己

第九章　与别人争辩，你永远也不会真赢

第十章　抱怨不如改变，生气不如争气

第十一章　心浮气躁，让你一辈子一事无成

第十二章　停止挑剔，世界上哪有百分百的完美

第一章

跟坏脾气说"拜拜"，你的世界才不会沉沦

操纵你的是隐蔽在内心的信念

如果有人冒犯你，请先不要发脾气，发脾气是不能解决任何问题的，只会让自己过于激动，没有办法运用理性正确地看清问题，被愤怒蒙蔽了双眼、蒙蔽了心灵，从而不能正确地看清事物的本质、判断事物的好坏，这是毫无益处的。其实真正打扰我们的不是别人的行为，别人的行为不会直接作用于我们身上，真正打扰我们的是我们自己的意见，只有我们自己的意见才会对我们的行动产生影响。所以，先放弃你对一个行为的判断吧，尝试一下下面介绍的方法，也许可以让你回归理性。

第一，思考一下你和人类的关系。所有的人类都是被神明派到世上来相互合作的，而你的位置被放在他们之上，就像是牛群中领头的公牛、羊群中领头的公羊一样。如果万物都只是原子的聚合，那么自然必定就是支配所有事物的力量。那样的话，低级的事物必然是为高级的事物而存在的，而高级的事物之间又是彼此依存的。

第二，思考一下别人在用餐时、在睡觉时、在别的场合都是怎样的？他们遵从怎样的思想支配自己的行为？在他们冒犯别人的时候，是带着怎样的骄傲？

第三，如果别人正在做着他们所做的事情时，我们不必感到不快；而人们有时候会出于无知而不知不觉地在做着不正当的事情。但对于他自己来说，他只是在追求他的真理，因为没有一个灵魂是会放弃追求真理的。他也不愿意被剥夺宇宙赐予他的为人处世的能力，所以当他由于无知犯错而被人指责不正直、背信弃义、贪婪的时候，他是很痛苦的。

第四，要想到，你自己也和他们一样，犯了很多不自觉的错误。也许你已经纠正了这种错误，但难保你不会再犯。何况你戒除这些错误，很大程度上还是出于不纯的动机，比如出于怯懦，或者害怕失去名誉，或者其他的原因。

第五，当你断定别人在做着不正当的事情时，你也要想一想你的判断是否正确，因为很多事情其中另有隐情。我们必须了解更多，才能对别人做出正确的判断。

第六，在你烦恼、发脾气和悲伤时，想一想生命是很短暂的，也许下一秒你就会死去。

第七，困扰我们的实际上并不是别人的行为，而是你对于这些行为的看法。那么消除这种看法，放弃那些认为某件事情是极恶的东西的判断，你的怒火就能够得到平息。那么怎么才能消除这种判断呢？只需要明白一个道理：别人的行为并不是你的耻辱，只有你自作的恶行才是你的耻辱。如果你为别人的行为也感到耻辱，那你就是在代替那些强盗或恶人受过了。

第八，要想一想，由于这种行为引起的烦恼和愤怒带给我们的痛苦，比这种行为本身带来的痛苦要多得多。

第九，保持一种和善的气质是令任何人都无法拒绝的，但要是真实的、发自内心的，而不是一种表面上故作的微笑。始终和善地对待他人，即使最暴躁无礼的人，也不会对你怎么样。在条件允许的情况下，你可以用一种温和的态度纠正他的错误，你要以这种语气说："孩子，不要这样，我们是被宙斯派到一起来共同合作的，他将不会让我受到伤害，而你却在伤害你自己。蜜蜂，还有其他的动物，都是这样，它们都不会像你这样伤害自己。"用这样的口吻，循循善诱地告诉他这些道理，不带着任何双重的意向，不带着任何斥责、怨恨的感情，亲切和善地关心他的感受，而不要做给旁人看。

按照上面的方法，你就会发现，只要自己恢复了平静和理性，那些打扰到我们内心的事物就几乎不存在了。

火气太大，难免被列入作恶者之中

凡事不要冒火，不要记恨。看见公交车上年轻的小伙子旁边站着一个孕妇，可是那小伙子却丝毫没有让座的意思；看见恶人亨通，明明就没有好的品德，却能够吃好喝好……我们常常恼火，甚至对自己的家人都不能心平气和地说话。可是，当我们心怀不平的时候，一定要把火气压下去。即便你认为你自己的理由很充分，但是发火并不是解决问题的最好方法。

罗斯福深得其子女的爱戴，这是众所周知的。有一次，罗斯福的一位老友垂头丧气地来找罗斯福，诉说他的小儿子居然离家出走，到姑母家去住了。这男孩本来就桀骜不驯，这位父亲把儿子说得一无是处，又指责他跟每个人都处不好。

罗斯福回答说:"胡说,我一点儿都不认为你儿子有什么不对。不过,一个人如果在家里得不到合理的对待,他总会想办法由其他方面得到的。"

几天后,罗斯福无意中碰到那个男孩,就对他说:"我听说你离家出走,是怎么回事?"男孩回答:"是这样的,每次我有事找爸爸,他都会发火。他从不给我机会讲完我的事,反正我从来没有对过,我永远都是错的。"

罗斯福说:"孩子,你现在也许不会相信,不过,你父亲才真正是你最好的朋友。对他来说,你是这世上最重要的人。"

"也许吧!不过我真的希望他能用另一种方式来表达。"

接着罗斯福去告诉那位老友,发现几乎令其惊讶的事实,他果然正如其儿子所形容的那样暴跳如雷。于是,罗斯福说:"你看!如果你跟儿子说话就像刚才那样,我不奇怪他要离家出走,我还觉得奇怪他怎么现在才出走呢?你真是应该跟他好好谈一谈,心平气和地跟他沟通才是。"

跟孩子沟通需要的是耐性,因为孩子很少能理智地面对问题,如果我们强硬地表达自己的想法,那么等来的肯定是他们的不理解,并且很可能会加重他们的叛逆思想。当孩子对我们的不满越积越多的时候,在他们的眼里,我们也就成了恶人,再没有办法走入他们的世界了。

同理,在处理事情的时候,如果不能冷静地分析其中的缘由,提供解决问题的办法,而单单用呵斥和责骂来表达你的情绪时，很可能会招致对方的不满。尽管当时对方可能没有表达对你的恨意，可是时间久了，他们也可能对你的反感与日俱增。

火气越大的人越容易发怒，而愤怒常常让人失去理智。如果长期被这种情绪控制，不仅会损害我们的身体，还可能在心理上形成焦躁、恼恨、嫉妒、粗暴等情绪，让我们的生活从此失去谦和的香气。

用运动来驱散心头的郁闷

烦恼的最佳"解毒剂"就是运动。当你烦恼时，多用肌肉，少用脑筋，结果将会令你非常惊讶。这种方法对每一个人都极为有效——当我们开始运动时，烦恼就会消失。卡耐基诙谐地说过："我若发现自己有了烦恼，或是精神上像埃及骆驼寻找水源那样地猛绕着圈子不停打转，我就利用激烈的体能锻炼，来帮助我驱逐这些烦恼。"

因此，当你觉得烦恼的时候，不妨尝试去做一些运动，这些运动可能是跑步，或是徒步远足到乡下，或是打半小时的沙袋，或是到体育场打网球。不管是什么，体育活动总能使我们的精神为之一振。你可以尝试围着球场跑一圈，或者打一场激烈的网球，等到肉体疲倦了，精神也随之得到了休息，当我们再度回去工作时，就会觉得精神饱满，充满活力。事实证明，快乐的身体能够带动快乐的心。

有位专门研究快乐如何影响心理的科学家曾整理出了快乐的

技巧，方法简单而且效果神速，让人能立刻就变得乐观起来，这就是运动和听音乐。

首先，经常运动，抬头挺胸。我们在矫正头脑之前，要先矫正身体。为什么呢？因为生理与心理是息息相关的。相信你也该有过这样的体验，当心情处于低潮的时候，我们往往也是无精打采、垂头丧气；而心情快乐时，自然是抬头挺胸、昂首阔步了。所以，身体的姿势的确会与心理的状态密不可分。再从另一角度来看，当一个人抬头挺胸的时候，呼吸会比较顺畅，而深呼吸则是释放压力的妙方。所以当抬头挺胸时，我们会觉得比较能够应付压力，当然也就容易产生"这没什么大不了"的乐观态度。另外，与肌肉状态有关的信息也会通过神经系统传回大脑去。当我们抬头挺胸的时候，大脑会收到这样的信息，四肢自在，呼吸顺畅，看来是处于很轻松的状态，心情应该是不错的。在大脑也做出心情愉悦的判决后，自己的心情就更轻松了。因此，身体的状态和姿势的确会影响心情状态。运动能推动快乐，要是垂头，就容易感到丧气，如果挺胸，则容易觉得有生气。

所以这个简单得令人不可置信的方法，请千万别小看它，下次若头脑中悲观的念头再出来时，赶快调整一下姿势，抬头挺胸地面对生活的困境吧！

绝望的人都有一个共同的特性——感情麻木，所以帮助他们的方法就是激励他们振作。如果你此刻心情低落，千万不要坐着不动，让这种心情持续增加，你不妨从自我奖励开始，例如，买些你以前一直想买的东西，或是拜访一直没空去看的朋友或亲人。如果距离不太远，最好走路，不要搭车。

用幽默和微笑来战胜不良情绪

平和宁静的心境不仅是衡量一个人心理是否健康的重要指标，同时也是我们保持心理健康的一个有效方法。心理学研究证明，幽默作为一种心理防卫机制，能使处于沮丧困苦中的人放松紧张的心理，降低心理压力，缓和内心冲突，排除内心的抑郁，解放被压抑的情绪，调节和保持心理健康。所以，心理学家主张用幽默和微笑来战胜不良情绪对人们心理的侵蚀和损害。

英国著名科学家法拉第曾经由于紧张的研究工作而导致经常性的头痛失眠，使他苦不堪言。一次他去看病，医生开给他的处方不是药名，而是一句英国谚语："一个丑角进城，胜过一打医生。"

法拉第马上悟出了其中的奥妙，于是经常去看喜剧、滑稽戏等表演，被逗得哈哈大笑。不久，他的健康状况明显好转。

20世纪70年代，在英国的一所大学里，创建了一个"幽默教室"，人们可以用各种手段在那里发笑，以便使自己心情舒畅、精神愉快、驱除疲劳、解除烦恼。现代生活节奏太快，有不少人得了抑郁症或其他类型的疾病，这时我们不妨也采用"笑疗"的方法，自己为自己治病。具体的做法是：

（1）当自己感觉苦闷、忧愁而又难以摆脱时，采取"逆向思维"法，多听听相声、小品、喜剧，在阵阵欢笑中化开心中的郁结，这比任何药物或许更管用。

（2）多和那些喜欢幽默，又好说笑话的朋友接触。与他们在一起，幽默的话语不绝于耳，一个个笑话让人心中充满欢悦。有时还会从笑声中得到不少人生的感悟。

（3）平时多看些欢乐的演出或电视节目。像文艺演出，还有电视及电台中的娱乐节目等，听着看着，你会沉浸在会心的笑意中，那些郁闷就会一扫而光。

（4）找友人聊天，和性格开朗的人相聚，把心中的不快说出来，给心灵来个"减负"，并从别人的劝解中释疑解惑，同时对方的幽默语言会让你发笑，从而获得好心情。

（5）找个环境幽雅之处，静下心来专门去想那些可乐的事。或一段相声，或一件让人捧腹的事，也可以使自己突发奇想。假设出一些让人笑的事，这样你会情不自禁地笑出声来。"笑疗"可让朋友为你治"心病"，但大多还是自我疗法，也不用去医院，更不用花钱，可谓简便易行，且无副作用。您若受到不良情绪的困扰不妨试一试。

生气是拿别人的过错来惩罚自己

一位智者说过，生气是用别人的过错来惩罚自己的愚蠢行为。

从前，有一个妇人，常常为一些琐碎的小事生气。她也知道自己这样不好，便去求一位高僧为自己说禅解道，开阔心胸。

高僧听了她的讲述，一言不发地把她领到一座禅房中，落锁而去。妇人气得跳脚大骂，骂了许久，高僧也不理会。妇人又开始哀求，高僧仍置若罔闻。妇人终于沉默了。

高僧来到门外，问她："你还生气吗？"

妇人说："我在生自己的气，我怎么会到这地方来受这份罪。"

"连自己都不原谅的人怎么能心如止水？"高僧拂袖而去。

过了一会儿，高僧又来问她："还生气吗？"

"不生气了。"妇人说。

"为什么？"

"气也没有办法呀。"

"你的气并未消失，还压在心里，爆发后将会更加剧烈。"高僧又离开了。

高僧第三次来到门前，妇人告诉他："我不生气了，因为不值得生气。"

"还知道值不值得，可见心中还有衡量，还是有气根。"高僧笑道。

当高僧的身影迎着夕阳立在门外时，妇人问高僧："大师，什么是气？"高僧将手中的茶水倾洒于地。妇人视之良久，顿悟，叩谢而去。

何苦要气？气便是别人吐出而你却接到口里的那种东西，你吞下便会反胃，你不看它时，便会消散了。

20 世纪三四十年代，一直敏于行、讷于言的巴金先生，也曾受过无聊小报、社会小人的谣言攻击。巴金先生有一句斩钉截铁的话："我唯一的态度，就是不理！"因为受害者若起而反击，"小人"反倒高兴了，以为他们编造的谣言发生了作用。

学者胡适先生在给友人的一封信中写道："我受了十余年的骂，从来不怨恨骂我的人。有时他们骂得不中肯，我反替他们着急；有时他们骂得太过火，反损骂者自己的人格，我更替他们不安。如果骂我而使骂者有益，便是我间接于他有恩了，我自然很情愿挨骂。"

巴金、胡适面对他人的辱骂所表现出的平静、幽默、宽容，不失为排除心理困扰、享受慢生活的妙药良方。

情绪化常常让人丧失理智

一个成功的人必定是有良好控制能力的人，控制自我不是说不发泄情绪，也不是不发脾气，过度压抑只会适得其反。

新的一届竞选又开始了，一位准备参加参议员竞选的候选人向自己的参谋讨教如何获得多数人的选票。

其中一个参谋说："我可以教你些方法。但是我们要先定一个规则，如果你违反我教给你的方法，要罚款 10 元。"

候选人说："行，没问题。"

"那我们从现在就开始。"

"行，就现在开始。"

"我教你的第一个方法是：无论人家说你什么坏话，你都得忍受。无论人家怎么损你、骂你、指责你、批评你，你都不许发怒。"

"这个容易，人家批评我、说我坏话，正好给我敲个警钟，我不会记在心上。"候选人轻松地答应。

"你能这么认为最好。我希望你能记住这个戒条，要知道，这是我教给你的规则当中最重要的一条。不过，像你这种愚蠢的人，不知道什么时候才能记住。"

"什么！你居然说我……"候选人气急败坏地说。

"拿来，10块钱！"

虽然脸上的愤怒还没退去，但是候选人明白，自己确实是违反规则了。他无奈地把钱递给参谋，说："好吧，这次是我错了，你继续说其他的方法。"

"这条规则最重要，其余的规则也差不多。"

"你这个骗子……"

"对不起，又是10块钱。"参谋摊手道。

"你赚这20块钱也太简单了。"

"就是啊，你赶快拿出来，你自己答应的，你如果不给我，我就让你臭名远扬。"

"你真是只狡猾的狐狸。"

"又10块钱，对不起，拿来。"

"呀，又是一次，好了，我以后不再发脾气了！"

"算了吧，我并不是真要你的钱，你出身那么贫寒，父亲也因不还人家钱而声誉不佳！"

"你这个讨厌的恶棍，怎么可以侮辱我家人！"

"看到了吧，又是 10 块钱，这回可不让你抵赖了。"

看到候选人垂头丧气的样子，参谋说："现在你总该知道了吧，克制自己的愤怒情绪并不容易，你要随时留心，时时在意。10 块钱倒是小事，要是你每发一次脾气就丢掉一张选票，那损失可就大了。"

控制自己的情绪是件非常不容易的事情，因为我们每个人的心中都存在着理智与感情的斗争。人在不能自制时，会举止失常；激情总会使人丧失理智。此时应去咨询不为此情所动的第三方，因为当局者迷，旁观者清。当谨慎之人察觉到自己有冲动的情绪时，会即刻控制并使其消退，避免因热血沸腾而鲁莽行事。短暂的冲动情绪的爆发会使人不能自拔，甚至名誉扫地，更糟糕的则可能丢掉性命。

连根拔除内心的冲动之苗

伟人不会稍有什么念头就立刻为之动心。他们总是自我检讨，这始于自知之明。然而，有的人天生疏狂，总是由着性子行事，风吹草动都会影响其情绪变化。由于受到情绪的影响，他们做起事来总是自相矛盾，被欲望左右。我们应当无论何时都尽可能让思考与反省压倒自己的激情。首先控制住自己的情绪，然后懂得制怒之法。

自制力说来容易，做来极难。要想把每个人心中的冲动之苗连根拔除，首先应当有自我认识，知道自己是个轻浮或浮躁的人，意识到自己好冲动。如果连这点自知之明都没有，必然会受到自己的情绪所影响，做出不经大脑的蠢事。

　　美国著名的巴顿将军就犯过这样致命的错误。

　　　巴顿将军某日来到前线医院看望伤员。他走到一位病号前，病号正在抽泣。

　　　巴顿将军问："为什么抽泣？"病号说："我的神经不好。"

　　　巴顿又问："你说什么？"病号回答说："我的神经不好，我听不得炮声。"

　　　巴顿将军大发雷霆："对你的神经我无能为力，但你是个胆小鬼，你是混蛋！"之后，巴顿依然难以泄恨，又给了这个病号一个耳光，喊道，"我不允许一个王八蛋在我们这些勇敢战士面前抽泣。"他接着大声对医务人员说，"你们以后不能接受这种龟儿子，我不允许这种没有半点儿男子汉气概的王八蛋在医院内占位置。"

　　　巴顿将军转头又对病号吼道："你必须到前线去，你可能被打死，但你必须上前线！如果你不去，我就命令行刑队把你毙了。说实话，我真想亲手把你毙了。"

　　　这件事很快被披露，在美国国内引起了强烈的反响。好多母亲要求撤巴顿的职，有一个人权团体还要求对巴顿进行军法审判。尽管后来马歇尔将军从大局出发，巧妙化解了这件事，但巴顿还是因为打骂士兵而声名狼藉。这种轻率、浮躁的作风以及政治上的偏见，也为他日后埋下了祸根。

如果巴顿能平心静气地批评那个士兵，而不是暴跳如雷，相信他伟大的一生里将会少了这个污点。轻易动怒，只会损害名声和有害身体，明智者很少随意宣泄自己愤怒的情绪。因为一些小事而与人相争，不仅危害自己，而且会影响到周围的人。

易怒不会给你带来任何好处，而忍耐和克制往往助人成事。

1076 年，罗马帝国皇帝亨利四世与教皇格里高利七世争权夺利，斗争日益激烈，发展到了势不两立的地步。亨利想摆脱罗马教廷的控制，教皇则想把亨利所有的自主权都剥夺殆尽。

亨利首先发难，召集德国境内各教区的主教们开了一个宗教会议，宣布废除格里高利的教皇职位。格里高利针锋相对，在罗马拉特兰诺宫召开全基督教会的会议，宣布驱逐亨利出教，不仅要德国人反对亨利，也在其他国家掀起了反亨利浪潮。

一时间，德国内外反亨利的力量声势震天，特别是德国境内的大大小小封建主都兴兵造反，向亨利的王位发起挑战。

亨利面对危局，被迫妥协，1077 年 1 月身穿破衣，骑着毛驴，冒着严寒，翻山越岭，千里迢迢前往罗马，向教皇忏悔请罪。

格里高利故意不予理睬，在亨利到达之前躲到了远离罗马的卡诺莎行宫。亨利没有办法，只好又前往卡诺莎拜见教皇。

　　教皇紧闭城堡大门，不让亨利进来。为了保住皇帝宝座，亨利忍辱跪在城堡门前求饶。

　　当时大雪纷飞，天寒地冻，身为帝王之尊的亨利屈膝脱帽，一直在雪地上跪了三天三夜，教皇这才开门相迎，饶恕了他。

　　亨利恢复教籍、保住帝位并返回德国后，集中精力整治内部，曾一度危及他王位的内部反抗势力逐一告灭。在政治基础稳固之后，他立即发兵进攻罗马，以报跪求之辱。在亨利的强兵面前，格里高利弃城逃跑，客死他乡。

　　中国有句俗语"大丈夫能屈能伸"，说的便是忍辱负重。假如亨利放弃信念而"破罐子破摔"，就不可能拥有以后的至尊和荣耀。

　　聪明人也时常为情所动，但知道如何克制自己的过激行动。愤怒会使人丧失理智，令事情变得更糟。克制自己的热血沸腾，转移愤怒爆发的方向，冷静下来仔细思考，经常总结经验教训，这便是制怒之法。

做情绪的主人，才能做生活的主角

　　约瑟 17 岁时就被兄长卖至埃及，任何人处在同样的境遇下，都难免自怨自艾，并对出卖及奴役他的人愤愤不平。但约瑟不做此想，他专注于提升自己，不久便成了主人家的总管，掌管所有的产业，极获倚重。

后来他遭到诬陷，冤枉坐牢 13 年，可是依然不改其态，化怨恨为上进的动力。没过多久，整座监狱便在他的管理之下。到最后，他掌管了整个埃及，成为法老之下、万人之上的大人物。

我们虽没有约瑟受奴役和被囚禁的经历，但是日常生活中的种种琐事，却使我们处在各种各样的不良情绪之中。想想约瑟的遭遇，就会知道不同的情绪将有不同的人生。

许多人都有过受累于情绪的经历，似乎烦恼、压抑、失落甚至痛苦总是接二连三地袭来，于是，频频抱怨生活对自己不公平，期盼某一天欢乐从天而降。但要记住，你永远不会是世界上最不幸的那个人，只要我们用积极乐观向上的态度去面对，生活终会向你展示出它温情脉脉的一面！

其实，喜怒哀乐是人之常情，想让自己生活中不出现一点儿烦心事是不可能的，关键是如何有效地调整、控制自己的情绪，做生活的主人，做情绪的主人。人们常说，生活是一面镜子，你对它笑，它便对你笑；你对它哭，它也便对着你哭。我们想要拥有幸福快乐的人生，就要用一种乐观积极的情绪对待生活。

许多人都想控制自己的情绪，但遇到具体问题又总是知难而退："控制情绪实在太难了。"言下之意就是："我是无法控制情绪的。"别小看这些自我否定的话，这是一种严重的不良暗示，它可以毁灭你的意志，使你丧失战胜自我的决心。

输入自我控制的意识是开始驾驭自己的关键一步。

晓敏就不会控制自己的情绪，常常和同事发生矛盾。领导找她说话，她还不服气，甚至和领导争执。领导没有动怒，只是和她讲道理，她嘴上没有说，却早已心悦诚服。从此她有了自我控制的意识，经常提醒自己，主动调整情绪，自觉注意自己的言行。就在这种潜移默化中她拥有了一个健康而成熟的情绪。

其实调整控制情绪并没有你想象的那么难，只要掌握一些正确的方法，就可以很好地驾驭自己。控制情绪也是一个长期的过程，在平常就要把自己的心态调整好，把保持良好的情绪作为一种习惯。

1. 想法客观

学会坦然面对生活中的一切，不对生活有过多的非分之想，抱太多不切实际的幻想。给心理留一个放松的空间，用平淡的心态去接受身边发生的事。

2. 学会发泄

每个人都会遇到许许多多的不如意，正所谓"人生不如意者，十有八九"。因此要想活得轻松快乐，就要找到适合自己的舒压方式，把心中的不良情绪及时发泄出来。

3. 生活热情

平常要多参加一些户外的文体活动，多看一些轻松温馨的影视剧，多阅读一些时尚轻松的书籍杂志，让自己的思想见识跟上时代的发展；多发展一些兴趣爱好，不仅有助于消除不良情绪，还能帮助树立积极健康的心态，感受到生活更多的快乐。

4. 每天听半小时音乐

优美的音乐对放松身心有着非常大的作用，每天抽出一点儿时间，泡杯茶，放松地坐下来，挑自己喜爱的音乐听上一会儿，对缓解情绪，平衡身心都有着非常积极的作用。

5. 学会控制自己的愤怒

生活中我们都免不了遇到令自己愤怒的事，但是把愤怒全部发泄出来，对人对己都是没有任何好处的，所以，一定要控制住自己愤怒的情绪。当你觉得自己快要爆发的时候，先不要张口，在心里默默从一数到一百，然后再张口说话，对避免把谈话闹僵，会很有帮助的。甚至还有人说要从一数到三百后再张口，这要根据自己的愤怒程度，在心里给自己定个数。

可以转移情绪的活动有很多，你可以根据自己的兴趣爱好，以及外界事物对你的吸引来选择。例如，各种文体活动，与亲朋好友倾谈，阅读研究，琴棋书画，等等。总之，将情绪转移到有意义的事情上来，尽量避免不良情绪的强烈撞击，减少心理创伤，这样做非常有利于情绪的及时控制。

第二章

上帝要让一个人幸福，必先使他拥有好脾气

心灵从容方富足

嫉妒心是美好生活中的毒瘤，是修行者悲心与慧命的绊脚石。

> 一棵树看着一棵树，
> 恨不得自己变成刀斧。
> 一根草看着一根草，
> 甚至盼望着野火延烧。

这是著名诗人邵燕祥的一首短诗《嫉妒》。寥寥四句就把嫉妒之情刻画得入木三分，揭露得淋漓尽致。

在果园的核桃树旁边，长着一棵桃树。桃树的嫉妒心很重，一看到核桃树上挂满的果实，心里就觉得很不是滋味。

"为什么核桃树结的果子要比我多呢？"桃树愤愤不平地抱怨着，"我有哪一点不如它呢？老天爷真是太不公平了！不行，明年我一定要和它比个高低，结出比它还要多的桃子！让它看看我的本事！"

"你不要无端嫉妒别人啦，"长在桃树附近的老李子树劝诫道，"难道你没有发现，核桃树有着多么粗壮的树干、多么坚韧的枝条吗？你也不动动脑子想一想，如果你也结出那么多的果实，你那瘦弱的枝干能承受得了吗？我劝你还是安分守己、老老实实地过日子吧！"

自傲的桃树可听不进李子树的忠告，嫉妒心蒙住了它的耳朵和眼睛，不管多么有理的规劝，对它都起不到任何作用了。桃树命令它的树根尽力钻得深些、再深些，要紧紧地咬住大地，把土壤中能够汲取的营养和水分统统都吸收上来。它还命令树枝要使出全部的力气，拼命地开花，开得越多越好，而且要保证让所有的花朵都结出果实。

它的命令生效了，第二年花期一过，这棵桃树浑身上下密密麻麻地挂满了桃子。桃树高兴极了，它认为今年可以和核桃树好好比个高低了。

充盈的果汁使得桃子一天天加重了分量，渐渐地，桃树的树枝、树杈都被压弯了腰，连气都喘不过来了。它们纷纷向桃树发出请求，赶快抖掉一部分桃子，否则就要承受不住了。可是桃树不肯放弃即将到来的荣耀，它下令树枝与树杈要坚持住，不能半途而废。

这一天，不堪重负的桃树发出一阵哀鸣，紧接着就听到"咔嚓"一声，树干齐腰折断了。尚未完全成熟的桃子滚落了一地，在桃树脚下渐渐地腐烂了。

人生就像一场比赛，不管多么努力，技术运用得多么高超，总会有相对于第一名的落后者。享受欢呼的，仅仅是那成千上万名中第一个冲到终点的幸运儿。生活又何尝不是这样？相对于那些在某一领域中因出类拔萃而获得万众瞩目的人来说，绝大多数的人都是那些在平凡的工作、平凡的家庭中默默尽力的人。况且，人生风云变幻，又有多少人没有品尝过世事沧桑的滋味呢？

拥有一个感受幸福的心灵

关于幸福，不同的人有不同的感受。有的人善于发现生活中的美好，那么，他对幸福就会比常人多些感悟，常常也会觉得更幸福。幸福无处不在，只是需要一个善于发现幸福的心灵。

每个人都在追逐幸福，总觉得幸福对我们来说是可望而不可即的，总觉得幸福只是少数的幸运儿才拥有的。有人为了追逐所谓的幸福尝尽人生的悲喜和哀愁，却没有找到自己想要的幸福。在如今金钱至上的风气影响下，很多人越来越重视对金钱的追求和对外物的占有，他们认为那就是他们想要的幸福。有些人总以为所谓幸福就是事业有成，婚姻美满，生活小康，就是拥有更多的金钱、拥有别人仰慕的社会地位。

殊不知，这样的幸福并不是真正的幸福，真正的幸福是要用心去感受的。拥有了名利和金钱不一定会幸福，因为会担心有一天失去了这些就失去了幸福，这些物质上的东西只会给人们带来物质上的满足，却不能满足人们内心深处对幸福的渴望。

罗曼·罗兰曾经说过："一个人幸福与否，绝不依据获得了或失去了什么，而只能在于自身感觉怎样，幸福是伴着汗水和泪水的那只鸟，它不喜欢喧嚣浮华，常常在暗淡中降临。"想要拥有幸福，就要有一个能够感受幸福的心灵。这样的人能从生活的点点滴滴发觉幸福所在。朋友写给你的一封书信，父母的一个电话，雨中为你撑伞的人，这些都是幸福，只要内心善于发现，幸福就会无处不在。

不要总是觉得别人比自己幸福，其实只要自己善于发现，或许你会比别人拥有更多的幸福。幸福只钟情于能感受到它的人。幸福是生活中的点点滴滴，幸福无处不在，却很难把握在我们手中。幸福常常是朦胧的，很有节制地向我们喷洒甘霖。但是，只要你有一颗敏感的心灵，善于捕捉，幸福就会悄然而至。

有时候，我们绞尽脑汁、耗尽心血去追求一些高不可攀的东西，以为那就是自己的幸福所在，可是往往得不到，或者机关算尽以后，得到的却不是我们想要的。

心有多宽，幸福就有多长

心有多宽，就决定着一个人心中所能承受的东西有多少，也是决定他能否生活幸福的重要因素。人生不如意之事十有八九，当我们遇到烦心事时，心宽的人就会觉得这个事并非难以接受，而心量小的人自会将烦恼放大。心量小的人，心中容不得、装不下太多的不顺心，常常会因此而斤斤计较，自然会觉得生活不那么尽如人意。古今有成就之人，往往是心量宽广的人，因为他们不会拘泥于小事而错过做大事的机遇。那些古圣大德，都为人类做出了榜样，为后世留下了丰富的财富。

其实，我们每个人一生中总会遇到不少痛苦，如果都将它们积聚在心里，那一个人的内心会是多么地沉重啊。遇事放宽心，那些痛苦和烦心事自然会渐渐淡化。如果你忽视它们，它们只会在你内心深处无地自容，如果你不断地放大苦恼，那就只能让它不断侵蚀你的内心，慢慢失去斗志，拘泥于小事而错过了更多机会。

心胸宽广的人往往会取得常人不可及的成就。一个人的心量有多大，他的成就就有多大。他们不会为了蝇头小利、一己之私去争权夺利，也不会因此而存报复之心和嫉妒之念，心境澄明，内心自然不会那么累。所谓心胸广阔天地宽。当我们拥有海纳百川的气质，有宠辱不惊的心态，无论荣辱悲喜、成败冷暖，只要放宽心态，自然能做到风雨不惊。

如果说生命中的痛苦是无法自控的，要遭遇的苦难是不可避免的，我们不能改变世界，那么我们唯有拓宽自己的心量，坦然接受世界的赐予，用自身的能动性去改变现实，这样，才能获得人生的愉悦。我们可以通过内心的调整去适应、去承受必须经历的苦难，在体味苦难中磨炼自己的心境。再多的挫折苦难只当作是磨炼自己心智的利器，从忍耐中慢慢放大自己的内心，学会感悟苦难带给我们的成长。

一个人的心量是有弹性的，我们慢慢去放大它，它所能面对和接受的东西就会越来越多。如果我们在遇到困难时只是封锁内心，拘泥于苦难带来的伤痛，那只会使我们的心量越来越小。如果一个人活得锱铢必较，那么他的内心肯定容不下太多的事情，只会把自己局限在一个很小的空间里。这种处世心态，既轻薄了自身的能力，又轻薄了自己的品格，在旁人看来是难成大事的。

放开自己，不纠结于已失去的事物

人生坎坷，很少有人能完美地度过一生。失去或者得到都是人生中的常事，关键是有多少人能正确看待人生中的得与失。我们因错过人生中一些极美、极珍贵的东西，而痛苦不堪，沉浸在失去的痛苦中不能自拔，我们也会因为错过美好而感到遗憾和痛苦。其实喜欢一样东西不一定非要得到它，俗话说："得不到的东西永远是最好的。"最美好的东西只能远观而不可亵玩。当你为一份美好而心醉时，远远地欣赏它或许是最明智的选择。有人为了错过月亮而哭泣，却因此而错过了更多的星星。过分沉浸于失去中，你会错过很多意想不到的收获。

有一次，哈佛大学要在中国招一名学生，这名学生在校就读的所有费用都由美国政府全额提供。经过初试，有30名学生获得了面试资格。

10天之后，在锦江饭店举行面试，主考官是劳伦斯·金。30名学生及其家长早早来到饭店等候主考官劳伦斯·金，当他出现在饭店大厅时，一下子被许多学生和家长围了起来，他们用流利的英语向他问候，有的甚至还迫不及待地向他作自我介绍。

这时，只有一名学生，由于起身晚了一步，没来得及围上去，等他想接近主考官时，主考官的周围已经是水泄不通了，根本没有插空而入的可能。

他错过了跟主考官接近的机会，而其他的人都在跟主考官交流，机会也会更多吧，他这样想，不禁有些懊丧起来。

正在这时，他看见一个异国女人有些落寞地站在大厅一角，目光茫然地望着窗外，他想：身在异国的她是不是遇到了什么麻烦，不知自己能不能帮上忙？

于是他走过去，彬彬有礼地和她打招呼，然后向她作了自我介绍，最后他问道："夫人，您有什么需要我帮助的吗？"接下来两个人聊得非常投机。

后来这名学生被劳伦斯·金选中了，在参加面试的30名候选人中，他的成绩并不是最好的，而且面试之前他错过了跟主考官套近乎、加深自己在主考官心目中印象的最佳机会，但是他却无心插柳柳成荫，成为最幸运的那个人。

原来，那位异国女子正是劳伦斯·金的夫人，虽然他错过了跟主考官接近的机会，但是因为劳伦斯·金的夫人对这位学生的印象良好，便对劳伦斯·金称赞了一番这位考生，劳伦斯·金也非常赞赏他的热心。

这个故事引人深思：原来错过了机会，收获的并不一定是遗憾，有时甚至会得到比预期更好的结果。

失去之后才会懂得珍惜，痛过了之后才会懂得如何保护自己，错过了之后才会懂得适时的坚持与放弃。在对待失去的过程中，我们慢慢地认识自己，退一步海阔天空，失去了这个，说不定有更好的在拐角处等待着你。

不要懊恼，不要心急，其实生活并不需要这些无谓的执着，没有什么不能割舍的，学会放弃，生活才会更加幸福！

平常心，幸福是一种感觉

人生有八大平常心态，即成败之心、贫富之心、淡薄之心、幸福之心、宁静之心、仁爱之心、忍辱之心、生死之心。平常心其实是一种至高至纯的人生境界，是一个人生存的智慧哲学。凡事荣辱不惊，人生就要有"行到水穷处，坐看云起时"的态度和洒脱的心境。

到底怎么样才算拥有平常心呢？其实，所谓平常心，不过是我们在日常生活中处理周围事情的一种心态。平常心应该是生活中的一种"常态"，是必须具有的一种修养，人生达到一种境界之后方可获得它，它是一种有益终身的"处世哲学"。正如古诗文中的佳句："宠辱不惊，闲看庭前花开花落；去留无意，漫随天外云卷云舒。"人生就要有这样的豁达态度，有这样的平常心去面对前方所有未知的事情。

平常心其实就是无为、无争、不贪、知足等观念的汇合而已。作为一种处世态度，平常心也可进一步解释为：淡薄之心、忍辱之心或仁爱之心……但是，平常心并不是说对什么都毫不在意，也不能说吃了亏、受了气就自己忍着。有些人所奉行的醉生梦死，自诩为与世无争，其实只是麻痹自己，自欺欺人而已。有位作家曾说过："当这些人到了纯粹只顾自己醉生梦死的境界时，道德的评价就苍白无力了。"把平常心庸俗化、世俗化、简单化的大有人在，但不过是对平常心本意的曲解，以此为借口做行乐之事。

人不能脱离社会现实而存在，没有任何欲望的人也是不存的，关键在于，在面对众多的诱惑时，是否能够时时自省，保持平常之心，坚持自我的真性，追求一种平静自然的心态。《感悟平常心》中说过："保持自我的真性，不陷于贪欲和争斗，对于一个悟得平常心的人来说，即是正确而明智的抉择。"

平常心是一种重要的处世哲学，每个人唯有自如地运用，才不致在纸醉金迷的社会中迷失自我。平常心说起来容易，做起来很难，贵在守恒。保持一颗平常心，将它作为自己生活的准则督促自己。

人生苦短，有种幸福叫"饶过自己"

人生一世，草木一秋。看起来人生漫漫几十年，其实弹指一挥间，便已走到了生命的尽头。有人常常叹息："人生苦短，青春一去不复返，好多的来不及却早已过去。"无奈之余，我们有没有想过，只是我们从来不懂得善待自己，一生都是将自己逼得很紧，很累，将自己有限的生命束缚于压力与痛苦之下。其实，有种幸福叫"饶过自己"，给自己松松绑，或许不能延长生命，但却能给自己足够的时间去体味幸福。

每个人的一生都有自己要完成的目标，我们总是让自己忙于奔波，一直处于"在路上"的状态。其实只要拥有一颗平常心，勇敢地在人生的旅途中开拓进取，在某一时刻蓦然回首时，你就会发现，其实自己已经取得了不错的成就，大可以停下脚步，给自己一个放松心灵的时间。

做人要常怀一颗平常心，如果没有平常心，我们的人生就会患得患失、自私自利，总是无法得到满足，心灵也难有平静。人生短暂，许多人在经历了人间世事，到了古稀之年才看透一些东西，一生的追逐与对自己的严厉要求使自己错过了很多享受幸福的机会。我们是不是应该在前进的路上回头望望来时的路，能放松的时候适当放松一下，不要老是把自己绷在弦上，日日高度紧张。一生的辛苦忙碌不过是为了自己理想的实现、生活的幸福。如果只是在忙碌中度过一生，为了事业的进步、生活质量的提高而拼命工作，而忽略了享受生活的过程，那么这样的忙碌是毫无意义的。

　　苏轼因"乌台诗案"被贬到黄州做小吏时，曾有一首非常著名的词："莫听穿林打叶声，何妨吟啸且徐行。竹杖芒鞋轻胜马，谁怕？一蓑烟雨任平生。料峭春风吹酒醒，微冷，山头斜照却相迎。回首向来萧瑟处，归去，也无风雨也无晴。"

这种豁达又有几人能及？当面对人生的沉浮、命运的无情，我们所做的不该是对命运的妥协，也不是从此丧失进取之心，而是拿出一颗淡定的平常之心，"饶过自己"，给自己的身心放个长假，舒展内心的苦闷。

世人有多少能做到不以物喜，不以己悲，波澜不惊，生死不畏，利不能诱，邪不可干？活在这个世上就要学会"饶过自己"，不要被太多的名利束缚。在纷繁复杂的人世中求一份心中的安宁与惬意。

在短暂的一生中，我们要明白平常心的可贵。如果你持一种悲观颓废、安于现状、甘于平庸的心态去对待生活，那么生活同样会无情地对待你。我们不应该太过在意人世间的得与失。

不必跟命运争吵，学会顺其自然

生活中有许多东西是可遇而不可求的，有些事还是顺其自然好一点儿，就不会有那么多的纷争和烦恼。不完美的人生才是真实的人生。徐志摩曾经说过："得之，我幸；失之，我命！"我们不必去跟命运计较什么，学会宽容地面对生活，顺其自然是我们应该追求的人生态度。

　　因为天气太热，寺院的草地枯黄了一大片，小和尚对老和尚说："师父，快撒点儿草种吧，现在的草地好难看啊。"

　　"等天凉了。"老和尚挥挥手，"随时。"

　　过完中秋，师傅买了一包草种，交给小和尚去播种，小和尚一撒，草种就被秋风吹走了一部分。

　　小和尚喊道："不好了，草种被风吹走了。"

　　"没关系，风吹走的多半是空的，撒下去也发不了芽。"师傅说，"随性。"

　　刚撒完种子，就有几只小鸟来啄食。

　　小和尚急得直跳脚，"草种都被鸟儿吃了！"

　　"没关系，种子多，吃不完。"师父说，"随遇。"

　　半夜，下了一场骤雨，小和尚冲进老和尚的禅房："师父，这下全完了，好多草种都被雨冲走了……"

"没关系，冲到哪儿就会在哪儿发芽的，"师父说，"随缘。"

一个星期过去了，原本枯黄光秃的地面，已经长出了许多青翠的草苗，一些原来没撒种的角落，也泛出了新的绿意。

小和尚开心地拍手叫好，师父说："随喜。"

如果有些东西属于你的，那么谁也夺不走，如果有些东西不属于你的，也强求不来的。生活就要"随性、随遇、随缘、随喜"。我们无须对命运苛求太多，有时能有某种体验就足够了。只要我们敞开胸襟，乐观向上地对待一切，幸福的人生就会掌握在你手中。

顺其自然地面对一切，你会发现你的内心会变得宽阔，思想负担也会随之减轻。坦然地接受命运安排的一切吧，不要抱怨、不要争吵，就会有更多的时间去体会幸福，体会生命对你的眷顾。顺其自然，才能做真正的自己，才能体会内心深处的需求。

建立幸福账户，给心灵多一点儿阳光

你有记账的习惯吗？给一天的收支记个账，小本本上记着你今天花了多少钱，又赚了多少钱。你肯定见过这种不起眼的小东西，但你见过给幸福记账的吗？我们能在这个小本上写下一些什么样的语言呢？

秋月是个多愁善感的女孩,一天,她悄悄跟朋友说,她开始给生活记账了。然后塞给朋友一个旧旧的本子,封皮上很认真地写着几个字:"幸福账本。"旁边有一行小字:"有些生活,没必要过一遍再去回忆一遍,该遗忘的要尽快遗忘。只有快乐和幸福值得截留下来,去慢慢体味、享受。它才是人生的灵魂和精华。"

"这一段时间,明显的身体出了问题,忐忑许久终于决定去医院做个体检。体检完毕等待结果,等待的时间左思右想,生怕身体真是出了什么问题。那日,体检报告终于下来了,一切正常。从那一刻我就开始感谢上苍,给了我这么一个健康的身体,使我可以做力所能及的事。直到现在才发现,健康是上苍对我们最大的恩惠。"

"今天晚上,母亲大人又打来电话。每天等待父母的电话已经成了习惯,电话大多是母亲打过来的,也有时候是我等不及了先打过去的。也没什么大事,无非就是聊几句家常,前前后后的也就那几句话,有没有好好吃饭?有没有好好睡觉?这电话虽然没有什么实质性的作用,但总让我心里感到踏实。父母衣食无忧、身体硬朗,这是做子女的天大的福分。"

"连续四五天了,一直在加班做一项很枯燥的工作,什么都懒得去做,平淡的日子真是无聊。还不如出去散散步,走到河边,到处都是绿柳和榕树,粉红翠绿,满目诗情画意。心情顿然开朗。人常说,人生不如意十之八九。这大约取决于人们对待生活的方法和态度,其实如果能够换个思维,说不定就变成了'人生如意之事十之八九'。"

"今天隔壁邻居做了一锅大盘鸡，送一份过来，面对美味，一家人都吃得很开心。"

"今天下雨了，真舒服。"

"今天淘到了一件不错的衣服。"

"今天一天平平静静、无忧无虑。并没有特别要记的事，但轻松、自在、高兴。"

这册"幸福账本"你看懂了吗？每个人，每天至少都会有一点儿幸福入账。一点儿幸福加一点儿幸福，慢慢地累积就会慢慢地增加，幸福这种东西不是1加1等于2这么简单，它是可以递加、可以增值的。而且，在你孤独无助，感觉不到身边的幸福的时候，翻翻这本用你自己的人生写出的幸福账本，说不定又找回发掘幸福的能力呢？

心头若无烦恼事，便是人间好时节

"春有百花秋有月，夏有凉风冬有雪。若无闲事挂心头，便是人间好时节。"这是南宋禅宗无门慧开禅师的一首诗，大意是说：只要我们能抛开俗念琐事，便能体会到春夏秋冬四季不同的美。只要心中不计较，以知足心和平常心过活，就是日日是好日。无门慧开禅师是个受到很多人崇拜的人，他告诉人们，如果能够抛开内心的纷纷扰扰，那么心胸就会自然而然地宽广起来，然后，人们就能随时随地欣赏到美好的风景。

一年有四季，四季有 365 天，每日也都会有不同的风景！看！春天的花是多么的绚烂多彩，夏天的树是那样的荫天蔽日，秋果累累而惹人怜爱，冬雪纷飞则净化人心。人如果能够以没有偏见的心去看待四季，有哪一个季节是不美的呢？那就以此借喻人生吧，若把人生的历程也分为四季，那人们若心头无"闲事"，年少的时候，就如春花般烂漫，无忧无虑；青年的时候，就如夏木繁茂，绿树浓荫；壮年时候就像是秋天，金秋果硕，香飘天外；年老蹉跎时候，也可比作是瑞雪着地而乐得其归宿。只有珍惜时光，积极进取，热爱生活，乐观处世，无论在哪个年龄段，都能活出精彩，活出成就，活出幸福，活出乐趣，活得有声有色，如此的人生方可谓富有诗意的幸福人生。若再从小处讲来，人生遇事总有顺逆之时，若能于得意时观照本无所得，于失意时领悟亦无所失，那么，他的一生就都是"好时节"了。

诗中所说的"闲事"，并非指那些不学无术或是无所事事而为的那些"事"，说的是一种造成我们心理障碍、影响心情的事。"闲事"也算是烦恼的事，是我们的无明、起惑、造业（行为）所产生的苦难和困顿。倘若这些苦难和困顿可以突然间烟消云散，"便是人间好时节"！每个人对"闲事"的定义的不同，也造就了每颗心欣赏四季变换的不同心情，人要想快乐，就要将自己置身于无的状态，这样才能使人生的四季常青，才能体会人生的真谛，才能不受任何外界的影响，才能不被生活中的琐事影响了心情，最终快快乐乐地过完一生。

"若无闲事挂心头，便是人间好时节"，是说世间的事皆是闲事，如果没有闲事挂在心头，就是过着人间赏心悦目的时光。日日是好日，时时是好时。因此，往好处想，心境就会豁达，也就会自得其乐。难怪开悟的人只看到百花、明月、凉风、白雪，因为他没有闲事也无烦恼挂心头。

修学佛法的人往往是拥有大智慧的人，他们讲究随遇而安，随缘自在，贫则安，富则施，常存满足感，常怀感恩心。在生活中，要学习这种智慧，与家人和睦、与友人交流、与自然为伴，其实，这样的生活岂不悠哉、美哉？

第三章

愤怒是魔鬼，让你距离"幸福之城"越来越遥远

愤怒就是灵魂在摧残自身

人经常不能控制自己的怒气，为了生活中大大小小的事情勃然大怒或者愤愤不平，愤怒由对客观现实某些方面不满而生成。比如，遭到失败、遇到不平、个人自由受限制、言论遭人反对、无端受人侮辱、隐私被人揭穿、上当受骗等多种情形下人都会产生愤怒情绪。表面看起来这是由于自己的利益受到侵害或者被人攻击和排斥而激发的自尊行为，其实，用愤怒的情绪困扰灵魂，乃是一种自我伤害。

对身体健康的伤害只是其中一个方面，愤怒对于灵魂的摧残尤为严重。由灵魂而生的愤怒情绪，又回过头来伤害灵魂本身，让灵魂变得躁动不安，失去原有的宁静和提升自己的精力和时间，这是灵魂的一种自戕。

正如思想家蒲柏所说："愤怒是由于别人的过错而惩罚自己。"文学家托尔斯泰也说："愤怒对别人有害，但愤怒时受害最深者乃是本人。"

我们愤怒于别人的言行，让愤怒占据了大部分的灵魂空间，灵魂负载着重担，再无法关照自身，更不能得到任何形式的提升，反而在愤怒情绪的支配下更加容易丧失理智，甚至于越来越远离人的高贵，接近于动物的蒙昧和愚蠢。

结果，导致我们愤怒的人与事依然故我，他们继续做着错的事，享受着愉悦的心情；

结果，因为愤怒，我们无法专注于眼前的工作，没能很好地履行自己的职责；

结果，我们只顾着愤怒，而无暇体验生命中原本存在的其他美和善。

折磨我们的是自己的愤怒情绪，而非别人的一些令人愤怒的行为。控制自己的愤怒情绪，从而避免让灵魂受到伤害，是完全在我们的力量范围之内的。

有一位得道高人曾在山中生活 30 年之久，他平静淡泊，兴趣高雅，不但喜欢参禅悟道，而且喜爱花草树木，尤其喜爱兰花。他的家中前庭后院栽满了各种各样的兰花，这些兰花来自四面八方，全是年复一年地积聚所得。大家都说，兰花就是高人的命根子。

这天高人有事要下山去，临行前当然忘不了嘱托弟子照看他的兰花。弟子也乐得其事，上午他一盆一盆地认认真真浇水，等到最后轮到那盆兰花中的珍品——君子兰了，弟子更加小心翼翼了，这可是师父的最爱啊！他也许浇了一上午有些累了，越是小心翼翼，手就越不听使唤，水壶滑下来砸在了花盆上，连花盆架也碰倒了，整盆兰花都摔在了地上。这回可把弟子给吓坏了，愣在那里不知该怎么办才好，心想："师父回来看到这番景象，肯定会大发雷霆！"他越想越害怕。

下午师父回来了，他知道了这件事后一点儿也没生气，而是平心静气地对弟子说了一句话："我并不是为了生气才种兰花的。"

　　弟子听了这句话，不仅放心了，也明白了。

　　不管经历任何事情，我们都要制怒，在脉搏加快跳动之前，凭借理智的伟力平静自己。

　　想一想，如果惹你生气的人犯了错误，是由于某种他们不可控的原因，我们为什么还要愤怒呢？

　　如果不是这样，那么他们犯错一定是由于善恶观的错误。我们看到了这一点，说明在善恶观的问题上，我们的灵魂比他们更优越，比他们更理性，更能辨明是非黑白。对于他们，我们只有怜悯，不应有一丝愤怒。

冲动，是幸福的刽子手

　　在种种消极情绪中，冲动无疑是破坏力最强的情绪之一，它是低情商的表现，每个人在生活中都会遇到不合自己心意的事，这时候如果不保持冷静，不克制自己的冲动行为，就会为此付出代价。一个聪明的人，不应让坏情绪控制自己，而是应该自己去控制坏情绪，成为情绪的主宰者。

　　生活中许多人，往往控制不住自己的情绪，任性妄为，结果引火烧身，给自己和朋友带来不必要的麻烦。所以，你要学会控制自己的冲动。学会审时度势，千万不能放纵自己。每个人都有冲动的时候，尽管冲动是一种很难控制的情绪。

培根说:"冲动就像地雷,碰到任何东西都一同毁灭。"如果你不注意培养自己冷静平和的性情,一旦碰到不如意的事就暴跳如雷,情绪失控,就会让自己陷入自我戕害的囹圄之中。

南南的爸爸妈妈大吵了一架,起因是妈妈放在自己外套里的 300 元钱不见了,妈妈认定是爸爸拿的,但爸爸却不承认。下班后,爸爸直接去保姆家接南南,保姆一边帮南南穿衣服,一边说:"昨天我给南南洗衣服,从她口袋里找出 300 元钱,都被我洗湿了,晾在……"没等保姆把话说完,爸爸立刻就把南南拽了过去,狠狠打了她两个耳光,南南的嘴角立刻流血了。

"你竟敢偷钱!害得我和你妈妈大吵了一架,这样坏的孩子不要算了!"他丢下南南掉头就走了。

南南根本不知道发生了什么事,只觉得脸很痛就哭了起来。保姆对南南妈妈说:"你家先生也太急躁了,不等我把话说完就打孩子,这么小的孩子怎么可能偷钱啊!100 元钱对她来说就是张花纸。一定是她拿着玩时顺手放到口袋里的。"南南被妈妈抱回家后,总是不停地哭闹,妈妈只好带她去医院做检查。

检查结果让夫妻俩完全呆住了:孩子的左耳完全失去听力,右耳只有一点听力,将来得戴助听器生活。由于失去听力,孩子的平衡感会很差,同时她的语言表达也将受到严重影响。

南南的爸爸简直痛不欲生,他一时冲动打出的两个巴掌竟然毁了女儿的一生,他永远也无法原谅自己,并将终生背负着对女儿的亏欠。

愚蠢的行为大多是在手脚转动得比大脑还快的时候产生的。每个父亲都是爱自己的孩子的，南南的爸爸也一定为女儿设想过前途，想过女儿美好的未来，但冲动却使他亲手毁了这一切。

大多数成功者都是对情绪能够收放自如的人。这时，情绪已经不仅仅是一种感情的表达，更是一种重要的生存智慧。如果不注意控制自己的情绪，随心所欲，就可能带来毁灭性的灾难。情绪控制得好，则可以帮你化险为夷。

所以，作为情绪的主人，我们应该培养自我心理调节能力，这是一种理性的自我完善。这种心理调节能力，在实际行为上显示出强烈的意志力和自制力。它使人以平和的心态来面对人生中的起起落落，保持与他人交往时的淡定从容。

不要被怒火冲昏头脑

每个人都免不了动怒，对别人动怒必然会引起人际关系的矛盾冲突。而能不能消除愤怒情绪与你的情绪控制能力有关。

其实，并非人人都会不时地表露自己的愤怒情绪，愤怒这一习惯行为可能连你自己也不喜欢，更不用说他人感觉如何了。因此，你大可不必对它留恋不舍，它并不能帮助你解决任何问题。任何一个精神愉快、有所作为的人都不会让它跟随自己。

愤怒既是自主行为，又是一种习惯。它是你经历挫折的一种后天性反应。你以自己所不欣赏的方式消极地对待违背你主观意志的现实。事实上，极端愤怒是精神错乱——每当你不能控制自己的行为、失去理智时，你便有些精神错乱了。

愤怒是大脑思考后产生的一种结果，而不是无缘无故的。当你遇到不合意愿的事情时，你通常会认为事情不应该这样或那样，于是你感到沮丧、灰心，然后，你便会做出自己所熟悉的愤怒的反应，因为你认为这样会解决问题。

世界杯足球赛决赛中，法国球星齐达内，在加时赛的最后10分钟用头冲撞对方球员，用一张红牌为自己的足球生涯画上了句号，并导致整个球队把冠军拱手让给意大利。据说当时他是由于受到对手挑衅才情绪失控，一失足成千古恨。

愤怒就像是在喝酒，一旦你喝了第一杯，就会一杯接着一杯地喝下去，越喝越醉，愤怒就像酒瘾一样，让易怒的人控制不得，一旦陷入愤怒的情绪里就无法自拔。

如果你仍然决定保留心中愤怒的火种，你也可以不损害别人感情的方式来发泄愤怒。但是，请问问自己，是否可以在沮丧时以新的思维支配自己，且以一种更为健康的情感来取代使自己产生惰性的愤怒呢？虽然世界绝不会像你所期望的那样完美，你很可能会继续厌烦、生气或失望，但不管怎样，愤怒是完全可以清除的。

因此，你应当提高自己控制愤怒情绪的能力，时时提醒自己，有意识地控制自己情绪的波动。千万别动不动就指责别人，喜怒无常。改掉这些坏毛病，努力使自己成为一个容易接受别人和被人接受的性格随和的人。只有这样的人才能成大事。

在愤怒的情况下，人很难控制自己的情绪。你制造的旋涡最终会将它淹没。

愤怒容易让人失去理智，他们把一点小事看得像天一样大，过于认真让他们夸张了自身受到的伤害。他们以为愤怒可以让自己在别人眼中更具有权力，其实不是这样的。他不仅不会被认为拥有权力，反而会被认为缺乏理智，难成大气候。

抑制自己的愤怒并不能从根本上解决问题。你的能量会在这个过程中消耗殆尽，你的心理也会严重受挫。要想解决这一问题，最好的办法就是时刻保持冷静和宽容。面对别人的愤怒不要多想，可能他的愤怒并不是针对你，让自己的心情轻松一些。

杀人不见血的"气"

世间万事，危害健康最甚者，莫过于愤怒。诸如：咆哮如雷的"怒气"、暗自忧伤的"闷气"、牢骚满腹的"怨气"、有口难辩的"冤枉气"等。"气"与人体健康关系密切。若"心不爽，气不顺"，必将破坏机体平衡，导致各部分器官功能紊乱，从而诱发各种疾病。所以《黄帝内经》就明确指出："百病生于气矣。"

美国生理学家爱尔马为了研究情绪状态对人体健康的影响，设计了一个很简单的实验：把一支玻璃试管插在装有冰水混合物的容器里，然后收集人们在不同情绪状态下的"气水"。研究发现：当一个人心平气和时，他呼吸时水是澄清透明无杂质的；悲痛时水中有白色沉淀；悔恨时有乳白色沉淀；生气时有紫色沉淀。爱尔马把人在生气时呼出的"气水"注射到大白鼠身上，12分钟后，大白鼠竟死了。由此爱尔马分析认为："人生气时的生理反应十分强烈，分泌物比任何情绪时都复杂，都更具有毒性。因此容易生气的人很难健康，更难长寿。"

震惊于实验结果的同时，我们更要清楚，我们每个人面对生活中的各种困惑、烦忧时，都应该学会宽容、学会理解、学会忍让、避免愤怒，牢记"气大伤身"，用宁静博爱的心态，对待世事是非，烦恼自会远离。哲人说：生气，其实就是拿别人的错来惩罚自己。

不错，何必为别人背沉重的情绪包袱？何必为别人犯下的错误承担责任？其实，人只要肯换个想法，调整一下态度，或者转移一下视角，就能让自己有一个新的心境。只要我们肯稍作改变，就能抛开坏心情，迎接新的处境。

控制自己的愤怒的确是件非常不容易的事情，因为我们每个人的心中永远存在着理智与情感的斗争。如同所有的习惯一样，控制冲动也是一种经过训练而得到的能力。要具备这种能力，有两个基本方法：第一，你必须不断地分析你的行动可能带来的后果；第二，你必须让自己为了获得最大的利益而行动。

从前，有一名叫爱地巴的人，每次生气和人起争执的时候，就以很快的速度跑回家去，绕着自己的房子和土地跑三圈，然后坐在田地边喘气。

爱地巴工作非常勤劳努力，他的房子越来越大，土地也越来越广，但不管房地有多大多广，只要与人吵架生气，他还是会绕着房子和土地绕三圈。

爱地巴为何每次生气都绕着房子和土地绕三圈？所有认识他的人，心里都很疑惑，但是不管怎么问他，爱地巴都不愿意说明。

直到有一天，爱地巴很老了，他的房地也已经非常广大了，有一次他生气，挂着拐杖艰难地绕着土地和房子走，等他好不容易走完三圈，太阳都下山了，爱地巴独自坐在田边喘气。

他的孙子在身边恳求他："阿公，您已经这么大年纪了，这附近地区的人也没有谁的土地比您更广大，您不能再像从前那样，一生气就绕着土地转圈了！您可不可以告诉我这个秘密，为什么您一生气就要绕着土地转三圈？"

爱地巴禁不起孙子恳求，终于说出隐藏在心中多年的秘密。

他说："年轻时，我一旦和人吵架、争论、生气，就绕着房地跑三圈，边跑边想，我的房子这么小，土地这么小，我哪有时间，哪有资格去跟人家生气，一想到这里，气就消了，于是就把所有时间用来努力工作。"

孙子问："阿公，您年纪大了，又变成最富有的人，为什么还要绕着房地走三圈？"

爱地巴笑着说："我现在还是会生气，生气时绕着房地走三圈，边走边想，我的房子这么大，土地这么多，我又何必跟人计较？一想到这，气就消了。"

现实生活中，我们要像爱地巴那样进行自我心理调整，用平易温和的方式，使自己能够在此情绪中抚慰自己。在愤怒的时候，安抚自己的内心远比找其他的人发泄来得高明。不生"气"难做到，但并不意味着没有解决的办法。

在不幸面前，应保持冷静的思考和稳定的情绪，遇事冷静，客观地做出分析和判断。

要多方面培养自己的兴趣与爱好，如书法、绘画、集邮、养花、下棋、听音乐、跳舞、打太极拳等，可以修身养性、陶冶情操。

要有自知之明，遇事要尽力而为，适可而止，不要好胜逞能而去做力所不能及的事。不要过于计较个人的得失，不要常为一些鸡毛蒜皮的事发火，愤怒要克制，怨恨要消除。保持和睦的家庭生活和良好的人际关系、邻里关系，这样在遇到问题时可以得到各方面的支持。

一个拥有平和心态的人，在各方面都会顺其自然，不必在意太多，并总能找到排解愤怒的渠道。

愤怒有信号，多加观察

有人这样说：如果你愤怒，就说明你遇到了麻烦，或者出现了问题；但也有人说：只要愤怒是事出有因的，就不会有什么问题。其实，愤怒情绪有迹象可循。不管愤怒的爆发是否意味着爆发者出现问题，只要留意愤怒爆发前的信号，并能对将要愤怒的反应和感觉保持高度敏感，就可能及早平息即将爆发的愤怒情绪。

因此，要随时留意愤怒的迹象，在愤怒的时候，人们的手往往会不知不觉地攥成拳头，不停地走来走去，或嘴里不停念叨、诅咒，或紧咬牙关，所以，我们应在平常多留心观察自己是否会流露出这些小动作。

> 吉姆的妻子希望丈夫可以变得更加善于表达自己的情感，以使他们的婚姻关系更加亲密。吉姆听从了妻子的建议，不久之后，他逐渐变得善于表达自己，他甚至把多年来压在心底的各种情绪都向妻子表达出来。
>
> 妻子对吉姆的做法感到非常不满，甚至愤怒。为此，二人前去咨询心理医生。妻子说："吉姆现在整天说我让他多么生气，我烦透了。""不是你希望他更善于表达自己吗？"医生反问说。吉姆的妻子解释说自己只是想听一些正面的情绪，而不是整天听丈夫说他自己有多生气，生气是他的问题，可以不要说出来。
>
> 医生说，其实，吉姆现在很难控制自己的情绪，特别是没有在愤怒初期就控制好它而导致大怒，他仍然不善于表达自己的情绪。医生建议他们努力去发现对方愤怒的信号，共同解决问题。在医生和妻子的帮助下，吉姆再也不会轻易地生气了。

像吉姆一样，留心捕捉愤怒的信号，才更有利于控制自己的情绪。俗话说:"当断不断,必受其乱。"同样的道理,愤怒时应立即采取措施。当我们发现自己发怒的信号时,可以通过数数,从1数到10,先让自己平静下来。但是,90%的人在快要发怒时往往没有立即采取措施,以致愤怒很快就会升级到暴怒。不能任愤怒等情绪自然而然地发展,越早控制住自己的愤怒越好。

乔治和女朋友为一个周末共同制订了一些计划,但女朋友在未告知他的情况下擅自更改了计划,乔治为此感到闷闷不乐。他向一位心理专家咨询解决方法。专家听了他的诉说,说如果把生气的程度分为10个等级,问乔治当他听说女朋友改变主意时有多不高兴。乔治说大约4级。

专家把1到3级称为不高兴,把4到6级称为愤怒。那么,乔治的4级就是愤怒了。乔治当时也没有把那种生气的感觉告诉女朋友。他经常把怒火藏在心里。"接下来发生了什么?"专家问。

"后来我们一起出去吃饭,等了半天,餐厅的饭菜还没有上来,这时我越来越生气。"乔治说那时自己的生气程度已经达到6级或者7级,离暴怒只有一步之遥。"后来你怎么做?"专家又问。

乔治说他当时只想让自己平静下来,但并未采取任何措施。随后就和女朋友去看棒球比赛了。后来,他们就在车里吵了起来。乔治当时非常生气,愤怒地一拳打在汽车的通风口上,把它打碎了。乔治说那时他生气的程度肯定有9级或10级。

上述案例中，乔治没有注意到自己愤怒的信号，没有把自己生气的情绪告诉给他的女友，进而发生的一连串事情让他越来越生气，以致到最后完全爆发，情绪由愤怒变为暴怒。

在生气程度的 10 个等级中，"不悦"和暴怒分别处在等级序列的两端。通常情况下，你不必为自己的"不悦"而操心。感到不悦一般不是什么问题，但前提是这种感觉不会往前发展。那么，怎样才能抑制它的不断发展呢？不妨这样去做：不要把情况想得过分严重，用正确的眼光对待问题。不要把一些问题个人化。或许别人根本没有意识到给你带来的不快，你应该意识到这并不是针对你本人。不要只想着指责别人，应该换位思考，从别人的角度看问题。不要总想着报复。把某事归咎于某人后，下一步往往就是报复对方。

遇到不开心的事，要去想想怎样做才能不让这种不悦的感觉升级为愤怒。千万不要让负面情绪进一步发展，这样只会让你变得愈加愤怒。要告诉自己：不要因为这些小事情让自己的心情变得糟糕，让自己怒不可遏。

不要落入别人挖设的陷阱

人的情绪中有两大暴君，其中之一就是愤怒，它常常与理性抗衡，然而人的激情远胜于人的理性。不去生气的人是聪明的，一个人必须学会自我调控，否则就会落入别人挖设的陷阱。

1809 年 1 月，拿破仑从西班牙战事中抽出身来匆忙赶回巴黎。他的间谍告诉他外交大臣塔里兰密谋造反。一抵达巴黎，他就立刻召集所有大臣开会。他坐立不安，含沙射影地点明塔里兰的密谋，但塔里兰却没有丝毫反应，这时候，拿破仑无法控制自己的情绪，忽然逼近塔里兰说："有些大臣希望我死掉！"但塔里兰依然不动声色，只是满脸疑惑地看着他，拿破仑终于忍无可忍了。

　　他对着塔里兰粗鲁地喊道："我赏赐你无数的财富，给你最高的荣誉，而你竟然如此伤害我，你这个忘恩负义的东西，你什么都不是，只不过是穿着丝袜的一条狗。"说完他转身离去了。其他大臣面面相觑，他们从来没有见过拿破仑如此暴怒。

　　塔里兰依然一副泰然自若的样子，他慢慢地站起来，转过身对其他大臣说："真遗憾，各位绅士，如此伟大的人物竟然这样没礼貌。"

　　皇帝的暴怒和塔里兰的镇静自若像瘟疫一样在人们中间传播开来，拿破仑的威望迅速降低了。

　　伟大的皇帝在盛怒下失去冷静，人们开始感觉到他已经走下坡路了，如同塔里兰事后预言："这是结束的开端。"

　　塔里兰激起了拿破仑的怒气，让他的情绪失控，这正是他的目的。人人都知道了拿破仑是一个容易发怒的人，他已经失去了作为一个领导的权威，这种负面效果影响了人民对他的支持。面对大臣企图密谋造反这样的事，焦躁和不安只能起到相反的作用，这说明他已经失去了主宰大局的绝对权力。

其实，在这种情况下，拿破仑如果采用不同的做法，那结果便会大相径庭。他首先应该思考：他们为什么会反对自己？他也可以私下探听，从手下的士兵身上了解自己的缺陷，更可以试着争取他们回心转意支持他，或者甚至干脆杀掉他们，将他们下狱或处死，杀一做百。所有这些策略中，最不明智的就是激烈攻击和孩子气的愤怒。

愤怒起不到威吓效果，也不会鼓励忠诚，只会引发疑虑和不安，地位也因此摇摇欲坠，暴露出自己的弱点，这种狂风暴雨式的爆发，往往是崩溃的先声。谋略和战斗力也会在愤怒的情绪中消散，所以永远保持客观与冷静的态度至关重要。

愤怒容易让人失去理智，他们把一点小事看得像天一样大，过于认真让他们夸大了自身受到的伤害。他们以为愤怒可以让自己在别人眼中更具有权力，其实不是这样的。他们不仅不会被认为拥有权力，反而会被认为缺乏理智，难成大气候。怒气会让你失去别人对你的敬意，会认为你缺乏自制力而更加轻视你。

主动抑制愤怒情绪

也许有人会问，为什么我们现在的人常常要发怒，而古人却不像我们这样？花几分钟时间，让我们好好思考一下其中的原因。

现在，愤怒似乎成了现代人的一种通病。

现代人的生活节奏比以往任何时期都快，于是形成了一种张力，好像小提琴上的琴弦不断拉紧以致最后断裂。预期的目标未能实现——不管是生活中的琐事，学校里的成绩排名，还是工作中的种种不如意，所有这些及其他诸如此类的烦恼引起失望，一旦它得不到解脱，就会产生愤怒。

我们把日程表安排得越来越满，直到有一天生气之后才问自己："我干吗发这么大的脾气？"这很简单——你在短短的时间内要做的事情太多了，但你没有做好，事情出了点意外，于是你觉得懊恼，并因此而感到惭愧，因为你肯定"有修养的人"是不发怒的，而你却动怒，你就因此而讨厌自己了。

愤怒是一种不良和有害的情绪。一个人经常发火，不仅会影响与朋友或同事之间的团结，影响工作，还容易把矛盾激化，无助于问题的解决。对此，你可以试试下面的方法，在愤怒处于萌芽状态就控制住它。

1. 容忍克制

俗话说："壶小易热，量小易怒。"动辄发脾气、动肝火是胸襟狭窄、气量狭小的表现。有一位心理学家忠告："气量大一点吧，如果我们每件事情都要计较，就无法在这大千世界里生活下去。"要做到克制怒气，就必须有很高的修养，有修养的人才是有克制力的人。一个胸怀坦荡的人，是绝不会为一些区区小事而随意发火的。即使遇到不顺心的事或受到不公正的待遇时，也能做到心平气和地讲道理，心态和平地解决矛盾和问题。

2. 保持沉默

有一位智者曾经这样说过："沉默是最安全的防御战略。"当意识到自己要发火时，最好的办法是约束自己的舌头，强迫自己不要讲话，采取沉默的方式，这样会有助于冷静头脑，让沉默成为一种保持身心平衡、抑制精神亢奋的灵丹妙药，不借外力而能化解怒气。

3. 及时回避

面对生活中可能刺激我们生气的人物和环境时，只要条件允许，不妨"三十六计，走为上策"。这样，眼不见，心不烦，火气就消了一半。

4. 自我提醒

快要发火时，只要自己还能自我控制，就要试着用意识驾驭自己的情感，警告自己："我这时一定不能发火，否则会影响团结，把事情搞砸。"心中默念："不要发火，息怒，息怒。"这样坚持下去，就会收到一定的效果。

5. 转移注意力

根据一项心理学研究，在受到令人发火的刺激时，大脑会产生强烈的兴奋灶，这时如果有意识地在大脑皮质里建立另外一个兴奋灶，用它去取代、抵消或削弱引起发火的兴奋灶，就会使火气逐渐缓解和平息。例如，转移话题、找些开心快乐的事情干，听让自己愉快的音乐、戏曲，阅读引人入胜的小说、诗歌，或出去走走，等等。

其实，做到不生气并不难。心理医学研究表明，一个人心情舒畅、精神愉快，中枢神经系统就处于最佳功能状态，这时内脏及内分泌活动在中枢神经系统调节下保持平衡，从而整个机体保持协调，充满活力，身体自然健康。

及时停住你的愤怒冲动

人在紧张状况下，很难控制自己的情绪，一时心中生起千堆火，哪里还考虑事情的后果呢？这个时候的行为往往具有自伤和伤人的性质。而冲动情绪常常发生在与别人争吵或者受到批评的时候，是一瞬间爆发出来的怒气。冲动害人不浅，它给我们带来的负面影响远超过我们的想象。

王先生是国内某知名企业的一位高级主管。在决策时，由于自己一时疏忽，造成了该企业的利润直接下降了7个百分点。故障出现后，企业内部人心惶惶，唯恐老板把怒气发泄到自己身上。王先生更是提心吊胆，做好了接受处罚的准备。

终于，秘书汇报说，老板让他过去一趟。"嗨，算了，该来的总会来，没必要紧张。"王某安慰着自己，但还是怀着忐忑的心情来到了老板的办公室。一进门，老板不但没有大发雷霆，反而让他坐下喝茶。王先生心里越发纳闷了。不知老板葫芦里卖的什么药。

"听到这个消息时，我整个人都要疯掉了。你知道你犯的错误有多严重吗！"老板开口说道。

"对不起，是我的失职。我请求惩处。"王先生立马起身赔罪。

"我本来是要重重处罚你。但是，做每件事情都要合情合理，不能冲动。于是，我考虑了一下，你曾经为咱们企业做出了很大的贡献。"老板拿出自己的笔记本，上面写满了王某的成绩。"每当我控制不住自己的冲动情绪，想要对某人发火时，我就强迫自己坐下来，拿出纸和笔，写出这个人的好处。每当我完成这个清单时，自己的怒气也就消了，就能理智地看待问题了。"

听完老板的一席话，王先生豁然开朗。有这样的老板，自己以后必须要多多学习，努力工作。

冲动的情绪容易蔓延，如果这时的情绪不能在源头得到控制，那么你就会陷入愤怒的情绪无法自拔。所以，当你发现自己的情绪将要爆发起来，就要及时采取措施，抑制冲动情绪。否则，愤怒在你的胸口不断膨胀，最终你承受不了这巨大的压力，将会做出让自己后悔的事情。上例中的老板，虽然由于员工的错误让自己的企业受到了巨大的损失，但是他没有大发雷霆，严厉地斥责那位主管，而是先冷静分析该主管的成绩，然后做出判断。因此，只要采取正确的手段，冲动的情绪是可以遏制的。

首先，当某件事情让你感到无法控制自己的愤怒时，你可以立即转移注意力。迅速离开原来的场景。这不是一种逃避的方法，而是通常所说的"眼不见，心不烦"。你可以先把这件事情放下，做其他的事情。当你的怒气消了之后，再回过头来考虑这件事情。比如，你在做一份报表，但是你的下属交给你的数据一塌糊涂。这个时候，你可以先让下属核对一下，再交给你。或者，你先看另外一份资料。不仅能够及时避免冲动，也能给员工留下成熟稳重的好印象。

其次，当你感觉快要控制不住自己的冲动时，不妨坐下来。研究表明，人坐着的时候，血液循环和新陈代谢的速度都不如站着。这样，愤怒所需要的能量就无法源源不断地供应，从而切断了冲动的根源。这样，你的生理反应就会降到最低。这就是为什么坐着比站着更容易缓解情绪的原因。

再次，在你控制不住的时候，果断闭上嘴巴。愤怒是一种软弱的表现，真正强大的人是不会轻易动怒的。保持沉默是心灵真正强大的表现。愤怒只会让你既伤身又伤心。当你冲动的情绪实在难以控制了，不妨先给自己一分钟的深呼吸时间。管住你的嘴巴，不要让它到处惹祸。动不动就发脾气的人是不会受人欢迎的。

最后，在你的周围挂上醒目的"制怒"标志。这是心理暗示法的灵活运用。在你快要控制不住自己的冲动时，只要抬起头，看看这样的标语，相信你的怒气就消了一半。再加上周围同事的提醒，你的怒火就彻底扑灭了。所以，不妨写点座右铭或者让周围的人帮助你，改掉易怒的脾气，从根源上制止自己的冲动情绪。

第四章

想得开、放得下，别被坏脾气拖进痛苦的深渊

不幸人的一大共性：过分执着

偏激和固执像一对孪生兄弟。偏激的人往往固执，固执的人往往偏激。心理学对此有一个专业术语：偏执。

偏执的人往往极度敏感，对侮辱和伤害耿耿于怀，心胸狭隘；对别人获得成就或荣誉感到紧张不安，妒火中烧，不是寻衅争吵，就是在背后说风凉话，或公开抱怨和指责别人；自以为是，自命不凡，对自己的能力估计过高，惯于把失败和责任归咎于他人，在工作和学习上往往言过其实；总是过多过高地要求别人，但从来不信任别人的动机和愿望，认为别人存心不良。

喜欢走极端，与其头脑里的非理性观念相关联，是具有偏执心理的一大特色。因此，要改变偏执行为，首先必须分析自己的非理性观念。如：

（1）我不能容忍别人一丝一毫的不忠。

（2）世上没有好人，我只相信自己。

（3）对别人的进攻，我必须立即给以强烈反击，要让他知道我比他更强。

（4）我不能表现出温柔，这会给人一种不强健的感觉。

现在对这些观念加以改造，以除去其中极端偏执的成分。

（1）我不是说一不二的君王，别人偶尔的不忠应该原谅。

（2）世上好人和坏人都存在，我应该相信那些好人。

（3）对别人的进攻，马上反击未必是上策，我必须首先辨清是否真的受到了攻击。

（4）不敢表示真实的情感，是虚弱的表现。

每当故态复萌时，就应该把改造过的合理化观念默念一遍，用来阻止自己的偏激行为。有时自己不知不觉表现出了偏激行为，事后应重新分析当时的想法，找出当时的非理性观念，然后加以改造，以防下次再犯。

另外，还可以从以下几方面治愈偏执心理。

1. 学会虚心求教，不断丰富自己的见识

常言道："天外有天，人外有人。"别人的长处应该尊重和学习，认识到自己的肤浅。全面客观地看问题，遇到问题不急不躁，冷静分析。

2. 多交朋友，学会信任他人

鼓励他们积极主动地进行交友活动，在交友中学会信任别人，消除不安感。

交友训练的原则和要领是：

（1）真诚相见，以诚交心。要相信大多数人是友好的，是可以信赖的，不应该对朋友，尤其是知心朋友存在偏见和不信任的态度。必须明确交友的目的在于克服偏执心理，寻求友谊和帮助，交流思想感情，消除心理障碍。

（2）交往中尽量主动给予知心朋友各种帮助。这有助于以心换心，取得对方的信任和巩固友谊。尤其当别人有困难时，更应鼎力相助，患难中知真情，这样才能取得朋友的信赖和增进

友谊。

（3）注意交友的"心理兼容原则"。性格、脾气相似和一致，有助于心理相容，搞好朋友关系。另外，性别、年龄、职业、文化修养、经济水平、社会地位和兴趣爱好等亦存在"心理兼容"的问题。但是最基本的心理兼容条件是思想意识和人生观、价值观的相似和一致，即所谓的志同道合。这是发展合作、巩固友谊的心理基础。

3. 要在生活中学会忍让和有耐心

生活中，冲突纠纷和摩擦是难免的，这时必须忍让和克制，不能让敌对的怒火烧得自己晕头转向，肝火旺盛。

4. 养成善于接受新事物的习惯

偏执常和思维狭隘、不喜欢接受新东西、对未曾经历过的东西感到担心相联系。为此，我们要养成渴求新知识，乐于接触新人新事，学习其新颖和精华之处的习惯。只有这样，我们才能不断地提高自己，减少自己的无知和偏执。

放掉无谓的固执

马祖道一禅师是南岳怀让禅师的弟子。他出家之前曾随父亲学做簸箕，后来父亲觉得这个行当太没出息，于是把儿子送到怀让禅师那里去学习禅道。在般若寺修行期间，马祖整天盘腿静坐，冥思苦想，希望能够有一天修成正果。有一次，怀让禅师路过禅房，看见马祖坐在那里面无表情，神情专注，便上前问道："你在这里做什么？"马祖答道："我在参禅打坐，这样才能修炼成佛。"怀让禅师静静地听着，没说什么走开了。第二天早上，马祖吃完斋饭准备回到禅房继续打坐，忽然看见怀让禅师神情专注地坐在井边的石头上磨些什么，他便走过去问道："禅师，您在做什么呀？"怀让禅师答道："我在磨砖呀。"马祖又问："磨砖做什么？"怀让禅师说："我想把它磨成一面镜子。"马祖一愣，道："这怎么可能呢？砖本身就没有光明，即使你磨得再平，它也不会成为镜子的，你不要在这上面浪费时间了。"怀让禅师说："砖不能磨成镜子，那么静坐又怎么能够成佛呢？"马祖顿时开悟："弟子愚昧，请师父明示。"怀让禅师说："譬如马在拉车，如果车不走了，你使用鞭子打车，还是打马？参禅打坐也一样，天天坐禅，能够坐地成佛吗？"

马祖一心执着于坐禅，所以始终得不到解脱，只有摆脱这种执着，才能有所进步。成佛并非执着索求或者静坐念经就可，必须要身体力行才能有所进步。一开始终日冥思苦想着成佛的马祖，在求佛之时，已经渐渐沦入歧途，偏离了参禅学佛的本意。马祖未能明白成佛的道理，就像他没有明白自己的本心一样，他不了解自己的内心如何与佛同在，所以他犯了"执"的错误。

百丈禅师每次说法的时候，都有一位老人跟随大众听法，众人离开，老人亦离开。老人忽然有一天没有离开，百丈禅师于是问："面前站立的又是什么人？"老人云："我不是人啊。在过去迦叶佛时代，我曾住持此山，因有位云游僧人问：'大修行的人还会落入因果吗？'我回答说：'不落因果。'就因为回答错了，使我被罚变成为狐狸身而轮回五百世。现在请和尚代转一语，为我脱离野狐身。"老人于是问："大修行的人还落因果吗？"百丈禅师答："不昧因果。"老人大悟，作礼说："我已脱离野狐身了，住在山后，请按和尚礼仪葬我。"百丈禅师真的在后山洞穴中，找到一只野狐的尸体，便依礼火葬。

这就是著名的"野狐禅"的故事，那个人为什么被罚变身狐狸并轮回五百世呢？就是因为他执着于因果，所以不得解脱。修佛也好，参禅也好，在认识和理解禅佛之前，修行者必须要先认识自己的本身，然后发乎情地做事，渐渐理解禅佛之意。如果执着于认识禅佛之道，最后连本身都不顾了，这就是本末倒置的做法。就像一个人做事之前，必须要理解自身所长，才能放手施为地去做事。如果只看到事物的好处而忽略了自身能力，又怎么可能将事情做好呢？这便是寻明心、安身心的魅力所在。

不要让小事情牵着鼻子走

在非洲草原上，有一种不起眼的动物叫吸血蝙蝠，它的身体极小，却是野马的天敌。这种吸血蝙蝠靠吸食动物的血生存。在攻击野马时，它常附在野马腿上，用锋利的牙齿迅速、敏捷地刺入野马腿里，然后用尖尖的嘴吸食血液。无论野马怎么狂奔、暴跳，都无法驱逐。吸血蝙蝠可以从容地吸附在野马身上，直到吸饱才满意而去。野马往往是在暴怒、狂奔、流血中无奈地死去。

　　动物学家们百思不得其解，小小的吸血蝙蝠怎么会让庞大的野马毙命呢？于是，他们进行了一项实验，观察野马死亡的整个过程。结果发现，吸血蝙蝠所吸的血量是微不足道的，远远不会使野马毙命。通过进一步分析得出结论：一致认为野马的死亡是它暴躁的习性和狂奔所致，而不是因为吸血蝙蝠吸血致死。

一个理智的人，必定能控制住自己所有的情绪与行为，不会像野马那样为一点儿小事抓狂。当你在镜子前仔细地审视自己时，你会发现自己既是你最好的朋友，也是你最大的敌人。

上班时堵车堵得厉害，交通指挥灯仍然亮着红灯，而时间很紧，你烦躁地看着手表的秒针。终于亮起了绿灯，可是你前面的车子迟迟不开动，因为开车的人思想不集中，你愤怒地按响了喇叭，那个似乎在打瞌睡的人终于惊醒了，仓促地挂上了一挡，而你却在几秒钟里把自己置于紧张而不愉快的情绪之中。

美国研究应激反应的专家理查德·卡尔森说："我们的恼怒有80％是自己造成的。"这位加利福尼亚人在讨论会上教人们如何不生气。卡尔森把防止激动的方法归结为这样的话："请冷静下来！要承认生活是不公正的，任何人都不是完美的，任何事情都不会按计划进行。"

"应激反应"这个词从20世纪50年代起才被医务人员用来说明身体和精神对极端刺激（噪音、时间压力和冲突）的防卫反应。

现在研究人员知道，应激反应是在头脑中产生的。即使是非常轻微的恼怒情绪中，大脑也会命令分泌出更多的应激激素。这时呼吸道扩张，使大脑、心脏和肌肉系统吸入更多的氧气，血管扩大，心脏加快跳动，血糖水平升高。

埃森医学心理学研究所所长曼弗雷德·舍德洛夫斯基说："短时间的应激反应是无害的。"他说，"使人受到压力是长时间的应激反应。"他的研究结果表明：61％的德国人感到在工作中不能胜任；有30％的人因为觉得不能处理好工作和家庭的关系而有压力；20％的人抱怨同上级关系紧张；16％的人说在路途中精神紧张。

理查德·卡尔森的一条黄金规则是："不要让小事情牵着鼻子走。"他说："要冷静，要理解别人。"他的建议是：表现出感激之情，别人会感觉到高兴，你的自我感觉会更好。

学会倾听别人的意见，这样不仅会使你的生活更加有意思，而且别人也会更喜欢你；每天至少对一个人说，你为什么赏识他，不要试图把一切都弄得滴水不漏。不要顽固地坚持自己的权利，这会花费许多不必要的精力。不要老是纠正别人，常给陌生人一个微笑，不要打断别人的讲话，不要让别人为你的不顺利负责。要接受事情不成功的事实，天不会因此而塌下来；请忘记事事都必须完美的想法。这样，生活会突然变得轻松许多。

现在，把你曾经为一些小事抓狂的经历写在这里，然后把你现在对这些事的看法也写下来，对比之下，相信你会有更深的认识。

换种思路天地宽

有位老婆婆有两个儿子，大儿子卖伞，小儿子卖扇。雨天，她担心小儿子的扇子卖不出去；晴天，她担心大儿子的生意难做，终日愁眉不展。

一天，她向一位路过的僧人说起此事，僧人哈哈一笑："老人家你不如这样想：雨天，大儿子的伞会卖得不错；晴天，小儿子的生意自然很好。"

老婆婆听了，破涕为笑。

悲观与乐观，其实就在一念之间。

世界上什么人最快乐呢？犹太人认为，世界上卖豆子的人应该是最快乐的，因为他们永远也不用担心豆子卖不完。

假如他们的豆子卖不完，可以拿回家去磨成豆浆，再拿出来卖给行人；如果豆浆卖不完，可以制成豆腐，豆腐卖不成，变硬了，就当作豆腐干来卖；而豆腐干卖不出去的话，就把这些豆腐干腌起来，变成腐乳。

还有一种选择是：卖豆人把卖不出去的豆子拿回家，加上水让豆子发芽，几天后就可改卖豆芽；豆芽如果卖不动，就让它长大些，变成豆苗；如果豆苗还是卖不动，再让它长大些，移植到花盆里，当作盆景来卖；如果盆景卖不出去，那么再把它移植到泥土中去，让它生长。几个月后，它结出了许多新豆子。一颗豆子现在变成了上百颗豆子，想想那是多么划算的事！

一颗豆子在遭遇冷落的时候，可以有无数种精彩选择。人更是如此，当你遭受挫折的时候，千万不要丧失信心，稍加变通，再接再厉，就会有美好的前途。

条条大路通罗马，不同的只是沿途的风景，而在每一种风景中，我们都可以发现独一无二的精彩。

有一位失败者非常消沉，他经常唉声叹气，很难调整好自己的心态，因为他始终难以走出自己心灵的阴影。他总是一个人待着，脾气也慢慢变得暴躁起来。他没有跟其他人进行交流，他更没有把过去的失败统统忘掉，而是全部锁在心里。但他并没有尝试着去寻找失败的原因，因此，虽然始终把失败揣在心里，却没有真正吸取失败的教训。

后来，失败者终于打算去咨询一下别人，希望能够帮自己摆脱困境。于是，他决定去拜访一名成功者，从他那里学习一些方法和经验。

他和成功者约好在一座大厦的大厅见面，当他来到那个地方时，眼前是一扇漂亮的旋转门。他轻轻一推，门就旋转起来，慢慢将他送进去。刚站稳脚步，他就看到成功者已经在那里等候自己了。

"见到你很高兴，今天我来这里主要是向你学习成功的经验。你能告诉我成功有什么窍门吗？"失败者虔诚地问。

成功者突然笑了起来，用手指着他身后的门说："也没有什么窍门，其实你可以在这里寻找答案，那就是你身后的这扇门。"

失败者回过头去看，只见刚才带他进来的那扇门正慢慢地旋转着，把外面的人带进来，把里面的人送出去。两边的人都顺着同一个方向进进出出，谁也不影响谁。

"就是这样一扇门，可以把旧的东西放出去，把新的东西迎进来。我相信你也可以做得到，而且你会做得更好！"成功者鼓励他说。

失败者听了他的话，也笑了起来。

失败者与成功者的最大区别是心态的不同。失败者的心态是消极的，结果终日沉湎于失败的往事，被痛苦的阴影笼罩，无法解脱；而成功者的心态是开放的、积极的，能从一扇门领悟到成功的哲理，从而取得更多的成就。

下山的也是英雄

人们习惯于对爬上高山之巅的人顶礼膜拜，把高山之巅的人看作是偶像、英雄，却很少将目光投放在下山的人身上。这是人之常理，但是实际上，能够及时主动地从光环中隐退的下山者也是"英雄"。

有多少人把"隐退"当成"失败"。曾经有过非常多的例子显示，对于那些惯于享受欢呼与掌声的人而言，一旦从高空中掉落下来，就像是艺人失掉了舞台，将军失掉了战场，往往因为一时难以适应，而陷于绝望的谷底。

心理专家分析，一个人若是能在适当的时间选择做短暂的隐退（不论是自愿还是被迫），都是一个很好的转机，因为它能让你留出时间观察和思考，使你在独处的时候找到自己内在真正的世界。

唯有离开自己当主角的舞台，才能防止自我膨胀。虽然失去掌声令人惋惜，但换一种思维看问题，心理专家认为，"隐退"就是进行深层学习。一方面挖掘自己的阴影，一方面重新上发条，平衡日后的生活。当你志得意满的时候，是很难想象没有掌声的日子的。但如果你要一辈子获得持久的掌声，就要懂得享受"隐退"。

作家班塞说过一段令人印象深刻的话："在其位的时候，总觉得什么都不能舍，一旦真的舍了之后，又发现好像什么都可以舍。"曾经做过杂志主编，翻译出版过许多知名畅销书的班塞，在他事业巅峰的时候退下来，选择当个自由人，重新思考人生的出路。

40岁那年，欧文从人事经理被提升为总经理。三年后，他自动"开除"自己，舍弃堂堂"总经理"的头衔，改任没有实权的顾问。

正值人生最巅峰的阶段，欧文却奋勇地从急流中跳出，他的说法是："我不是退休，而是转进。"

"总经理"三个字对多数人而言，代表着财富、地位，是事业身份的象征。然而，短短三年的总经理生涯，令欧文感触颇深的，却是诸多的"无可奈何"与"不得而为"。

他全面地打量自己，他的工作确实让他过得很光鲜，周围想巴结自己的人更是不在少数，然而，除了让他每天疲于奔命，穷于应付之外，他其实活得并不开心。这个想法，促使他决定辞职，"人要回到原点，才能更轻松自在。"他说。

辞职以后，司机、车子一并还给公司，应酬也减到最低。不当总经理的欧文，感觉时间突然多了起来，他把大半的精力拿来写作，抒发自己在广告领域多年的观察与心得。

"我很想试试看，人生是不是还有别的路可走。"他笃定地说。

事实上，欧文在写作上很有天分，而且多年的职场经历给他积累了大量的素材。现在欧文已经是某知名杂志的专栏作家，期间还完成了两本管理学著作，欧文迎来了他的第二个人生辉煌。

事实上，"隐退"很可能只是转移阵地，或者是为了下一场战役储备新的能量。但是，很多人认不清这点，反而一直缅怀着过去的光荣，他们始终难以忘情"我曾经如何如何"，不甘于从此做个默默无闻的小人物。

有一种智慧叫"弯曲"

人生之旅，坎坷颇多，难免直面矮檐，遭遇逼仄。

弯曲，是一种人生智慧。在生命不堪重负之时，适时适度地低一下头，弯一下腰，抖落多余的负担，才能够走出屋檐而步入华堂，避开逼仄而迈向辽阔。

孟买佛学院是印度最著名的佛学院之一，这所佛学院的特点是建院历史悠久，培养出了许多著名的学者。还有一个特点是其他佛学院所没有的，这是一个极其微小的细节，但是，所有进入过这里的学员，当他们再出来的时候，无一例外地承认，正是这个细节使他们顿悟，正是这个细节让他们受益无穷。

这是一个被很多人忽视的细节：孟买佛学院在它正门的一侧，又开了一个小门，这个门非常小，一个成年人要想过去必须弯腰侧身，否则就会碰壁。

其实，这就是孟买佛学院给学生上的第一堂课。所有新来的人，老师都会引导他到这个小门旁，让他进出一次。很显然，所有的人都是弯腰侧身进出的，尽管有失礼仪和风度，却达到了目的。老师说，大门虽然能够让一个人很体面、很有风度地出入。但很多时候，人们要出入的地方，并不是都有方便的大门，或者，即使有大门也不是可以随便出入的。这时，只有学会了弯腰和侧身的人，只有暂时放下面子和虚荣的人，才能够出入。否则，你就只能被挡在院墙之外。

孟买佛学院的老师告诉他们的学生，佛家的哲学就在这个小门里。

其实，人生的哲学何尝不在这个小门里。人生之路，尤其是通向成功的路上，几乎是没有宽阔的大门的，所有的门都需要弯腰侧身才可以进去。因此，在必要时，我们要能够学会弯曲，弯下自己的腰，才可得到生活的通行证。

人生之路不可能一帆风顺，难免会有风起浪涌的时候，如果迎面与之搏击，就可能会船毁人亡，此时何不退一步，先给自己一个海阔天空，然后再图伸展。

　　妙善禅师是世人景仰的一位高僧，被称为"金山活佛"。他于1933年在缅甸圆寂，其行迹神异，又慈悲喜舍，所以，直至现在，社会上还流传着他难行能行、难忍能忍的奇事。

　　在妙善禅师的金山寺旁有一条小街，街上住着一个贫穷的老婆婆，与独生子相依为命。偏偏这儿子忤逆凶横，经常喝骂母亲。妙善禅师知道这件事后，常去安慰这老婆婆，和她说些因果轮回的道理，逆子非常讨厌禅师来家里，有一天起了恶念，悄悄拿着粪桶躲在门外，等妙善禅师走出来，便将粪桶向禅师兜头一盖，刹那间腥臭污秽淋满禅师全身，引来了一大群人看热闹。

　　妙善禅师却不气不怒，一直顶着粪桶跑到金山寺前的河边，才缓缓地把粪桶取下来，旁观的人看到他的狼狈相，更加哄然大笑，妙善禅师毫不在意地道："这有什么好笑的？人本来就是众秽所集的大粪桶，大粪桶上面加个小粪桶，有什么值得大惊小怪的呢？"

　　有人问他："禅师，你不觉得难过吗？"

　　妙善禅师道："我一点儿也不会难过，老婆婆的儿子以慈悲待我，给我醍醐灌顶，我正觉得自在哩！"

　　后来，老婆婆的儿子为禅师的宽容感动，改过自新，向禅师忏悔谢罪，禅师高兴地开释他，受了禅师的感化，逆子从此痛改前非，以孝闻名乡里。

妙善禅师将身体看作大的粪桶，加个小的粪桶，也不稀奇。

这种认识正是他高尚的人格和道德慈悲的表现，而正是这一刻他弯下了腰，忍住了屈辱，才感化了忤逆的年轻人。

为人处世，参透屈伸之道，自能进退得宜，刚柔并济，无往不利。能屈能伸，屈是能量的积聚，伸是积聚后的释放；屈是伸的准备和积蓄，伸是屈的志向和目的。屈是手段，伸是目的。屈是充实自己，伸是展示自己。屈是柔，伸是刚。屈是一种气度，伸更是一种魄力。伸后能屈，需要大智；屈后能伸，需要大勇。屈有多种，并非都是胯下之辱；伸亦多样，并不一定叱咤风云。屈中有伸，伸时念屈；屈伸有度，刚柔并济。

改变世界，从改变自己开始

在威斯敏斯特教堂地下室里，英国圣公会主教的墓碑上刻着这样一段话：

当我年轻自由的时候，我的想象力没有任何局限，我梦想改变这个世界。

当我渐渐成熟明智的时候，我发现这个世界是不可能改变的，于是我将眼光放得短浅了一些，那就只改变我的国家吧！

但是我的国家似乎也是我无法改变的。

当我到了迟暮之年，抱着最后一丝努力的希望，我决定只改变我的家庭、我亲近的人——但是，唉！他们根本不接受改变。

　　现在在我临终之际，我才突然意识到：如果起初我只改变自己，接着我就可以改变我的家人。然后，在他们的激发和鼓励下，我也许就能改变我的国家。再接下来，谁又知道呢，也许我连整个世界都可以改变。

这段墓文令人深思。

大文豪托尔斯泰也说过类似的话："全世界的人都想改变别人，就是没人想改变自己。"别说命运对你不公平，其实上帝给每个人都分配了美好的将来，只是看你有没有把握住自己的人生了。有的人用习惯的力量让自己抓住了命运的手。有的人虽然最初与命运擦肩而过，但是他们改变了自己，又让命运转回了微笑的脸。

　　原一平，美国百万圆桌会议终身会员，被誉为日本的推销之神，但其实在他小的时候是以脾气暴躁、调皮捣蛋、叛逆顽劣而恶名昭彰的，被乡里人称为无药可救的"小太保"。

　　在原一平年轻时，有一天，他来到东京附近的一座寺庙推销保险。他口若悬河地向一位老和尚介绍投保的好处。老和尚一言不发，很有耐心地听他把话讲完，然后以平静的语气说："听了你的介绍之后，丝毫引不起我的投保兴趣。年轻人，先努力去改造自己吧！""改造自己？"原一平大吃一惊。"是的，你可以去诚恳地请教你的投保户，请他们帮助你改造自己。我看你有慧根，倘若你按照我的话去做，他日必有所成。"

从寺庙里出来，原一平一路思索着老和尚的话，若有所悟。接下来，他组织了专门针对自己的"批评会"，请同事或客户吃饭，目的是让他们指出自己的缺点。

　　原一平把种种可贵的逆耳忠言一一记录下来。通过一次次的"批评会"，他把自己身上那一层又一层的劣根性一点点剥落掉。

　　与此同时，他总结出了含义不同的 39 种笑容，并一一列出各种笑容要表达的心情与意义，然后再对着镜子反复练习。

　　他开始像一条成长的蚕，在悄悄地蜕变着。

　　最终，他成功了，并被日本国民誉为"练出价值百万美金笑容的小个子"；美国著名作家奥格·曼狄诺称之为"世界上最伟大的推销员"。

　　"我们这一代最伟大的发现是，人类可以由改变自己而改变命运。"原一平用自己的行动印证了这句话，那就是：有些时候，迫切应该改变的或许不是环境，而是我们自己。

方法错了，越坚持走得越慢

　　"愚公移山"的故事，老少皆知。我们钦佩愚公的干劲、执着，但同时也有人抱质疑态度：若愚公搬一次家，又何至于让子子孙孙都辛苦一生？

　　工作中，许多人常咬紧"青山"不放松，永不言放弃，却只能头破血流、两败俱伤。变一回视线，换一次角度，找一下方法，将会"柳暗花明又一村"。

　　小马到一家公司去推销商品。他恭敬地请秘书把名片交给董事长，正如所料，董事长还是把名片丢了回去。

　　"怎么又来了！"董事长有些不耐烦。无奈，秘书只得把名片退还给立在门外受尽冷落的小马，但他毫不在意地再把名片递给秘书。

　　"没关系，我下次再来拜访，所以还是请董事长留下名片。"

　　拗不过小马的坚持，秘书硬着头皮，再进办公室，董事长火了，将名片撕成两半，丢给秘书。秘书不知所措地愣在当场，董事长更生气了，从口袋拿出10块钱说道："10块钱买他一张名片，够了吧！"

　　哪知当秘书递还给业务员名片与钞票后，小马很开心地高声说："请你跟董事长说，10块钱可以买两张我的名片，我还欠他一张。"随即他再掏出一张名片交给秘书。突然，办公室里传来一阵大笑，董事长走了出来说道："这样的业务员不跟他谈生意，我还找谁谈？"说着把小马请进了办公室。

大多数情况下，正确的方法比坚持的态度更有效、更重要。

　　坚持固然是一种良好的品性，但在有些事上过度地坚持，反而会导致更大的浪费。因此，在做一件事情时，在没有胜算的把握和科学根据的前提下，应该见好就收，知难而退。

有两个朋友分别住在沙漠的南北两端，由于干旱，饮水成了生存最主要的问题。还好，在沙漠的中心有一眼泉水。为了能喝到水，每天他们都要到沙漠中心去挑水，日子过得非常辛苦。

两个人每天都在约定的时间到泉水处，先是聊聊天，然后分别挑起水回家，这样一直坚持了5年。

忽然有一天，南边的人在泉水的地方没有见到北边的人，他心想："他大概睡过头了。"可是第二天，他还是没有见到北边的那个人来挑水。过了一个星期，北边的人始终没有来，南边的人着急了，以为他出了什么意外，于是就收拾行装去北边看望他的朋友。

等他到达北边的时候，远远地看见他朋友家的烟囱上冒出浓烟，还闻到了菜香味儿。"这哪里像一个星期没有水的样子？"他心想。

"我都一个星期没见到你挑水了，难道你不用喝水吗？"南边的人问。

"我当然不会一个星期不喝水！"说完，北边的人把南边的人带到他家的后院，指着一口井说："5年来，我每天都抽空挖这口井。我们现在都还年轻，还有力气每天走很远的路去挑水，等我们老了的时候怎么办，你想过没有？就在一个星期前，我的井里开始有了水，这口井足足用了我5年的时间才挖成。虽然很辛苦，但是以后我就不用走那么远的路去挑水了！"

从中可见，每天都坚持着辛苦挑水并非最佳的路子，找到水源才是根本方法。在形形色色的问题面前，在人生的每一次关键时刻，聪明的企业员工会灵活地运用智慧，做最正确的判断，选择属于自己的正确方向。同时，他会随时检视自己选择的角度是否产生偏差，适时地进行调整，而不是以坚持到底为圭臬，只凭一套哲学，便欲强渡职场中所有的关卡。

换个角度，世界就会不一样

在现实生活中，情绪失控有很多原因，其中最常见的就是认为生活不如意，大事小事都与自己理想中的景象相去甚远。其实这种情况下，你大可不必死钻牛角尖，不妨换个角度来看问题，或许你就会有意料不到的收获，你的生活也就会不断充满希望与喜悦。

有这样一个故事：

在波涛汹涌的大海中，有一艘船在波峰浪谷中颠簸。一位年轻的水手顺着桅杆爬向高处去调整风帆的方向，他向上爬时犯了一个错误——低头向下看了一眼。浪高风急顿时使他恐惧，腿开始发抖，身体失去了平衡。这时，一位老水手在下面喊："向上看，孩子，向上看！"这个年轻的水手按他说的去做，重新获得了平衡，终于将风帆调整好。船驶向了预定的航线，躲过了一场灾难。

换个角度看问题，视野要开阔得多，即使处在同一个位置。

我们未尝不可从多个角度去分析事物、看待事物。换个角度，其实也是一种控制情绪的好方法。

如果我们能从另一个角度看人，说不定很多缺点恰恰是优点。一个固执的人，你可以把他看成一个"信念坚定的人"；一个吝啬的人，你可以把他看成一个"节俭的人"；一个城府很深的人，你可以把他看成一个"能深谋远虑的人"。

我们常常听到有人抱怨自己容貌不是国色天香，抱怨今天天气糟糕透了，抱怨自己总不能事事顺心……刚一听，还真认为上天对他太不公了，但仔细一想，为什么不换个角度看问题呢？容貌天生不能改变，但你为什么不想一想展现笑容，说不定会美丽一点儿；天气不能改变，但你能改变心情；你不能样样顺利，但可以事事尽心，你这样一想是不是心情好很多？

所以，我们不妨学会淡泊一点儿。不要总想着我付出了那么多，我将会得到多少这类问题。一个人身心疲惫，情绪波动，就是因为凡事斤斤计较，总是计算利害得失。

第五章

给暴脾气"降降压"，踏上从容淡定的成功旅程

善待自己，给压力一个出口

人生苦短，不要被各种烦琐的事物所劳累，要把身边的俗事抛开，把眼前的角逐看淡点。身体是自己的，心情更是自己的，不要让自己的心理背上沉重的负担。善待自己，给压力一个出口。

人就这么短短的一辈子，干干净净地来，干干净净地走。来时与世无挂，走时却牵肠挂肚，甚至死不瞑目，是因为活得太累的缘故。

紧张的工作、生活、学习和人际交往等形成的各种压力，也许会让你防不胜防。人们正遭受着前所未有的来自各方面的压力的摧残，常常听见身旁的人们在喊累。人确实活得累，为父母累，为子女累，为朋友累……这种心理上的累，比身体上的累更让人难以承受，也很难得到彻底的解脱。

为什么要这样折磨自己？希望别人都认为你很能干？希望自己变成工作狂？还是希望赚更多钱改善生活？……事实上，正是因为这些希望已使你变得更加疲惫不堪。那么，不妨反思一下你的希望。

希望别人都认为你很能干？这种希望只是为了面子好看、心里舒服罢了。要知道工作的目的应是为社会做贡献，而不是为了表现自己什么。

希望自己变成工作狂？对工作以外的人和事你全没兴趣吗？要知道工作只是生活的一部分，不应是你全部的人生。只知道拼命工作，身体垮了，怎能去奢谈工作和人生。

希望赚更多的钱改善生活？谁不希望有钱？但是赚钱是为了改善生活，拼命地工作，如果身体垮了，还有赚钱的资本吗？幸福的生活并非只靠钱财来营造。

凡是憧憬美好生活的人，都应学会善待自己。只有善待自己，才会有健康的身体，有工作的保证，有幸福美好的生活。可见，善待自己不容忽视。

学会善待自己，就要自己给自己营造快乐。不怕小人的蜚短流长，不怕"常戚戚"者的明枪暗箭，"走自己的路，让别人去说吧"，我还是我——清晨踱步户外，望一轮朝日冉冉东升；傍晚踏碎浓浓夜色，任清风从颜面拂过。爽悦的一定是心情，收获的一定是快乐。

学会善待自己，就要把功名利禄看作身外之物，心胸要宽广。要始终相信是自己的别人拿不走，不是自己的拿到手也是一只"烫手的山芋"。

学会善待自己，就是我们一直都在生活着，不是觉得有能力过好日子的时候，生活才开始。你必须马上改变过去一成不变的生活模式，从休闲中调整自己，陶冶自己，感受生活的幸福。想学绘画吗？赶紧拿起画笔；想学舞蹈吗？赶紧换上舞鞋；想去旅游吗？那就赶紧背起背包吧！不要压抑太多喜好，也不要收藏太多期盼，最终使自己临终时徒增遗憾。自己和自己过不去。"人生苦短，来日无多"——活着不该扭扭捏捏，活着就该扬眉吐气，洒洒脱脱，不必为鸡毛蒜皮的琐事愁眉紧锁；也不必为只言片语的不和谐而耿耿于怀。

学会善待自己，就不要让自己活得太假、太累、太辛苦。少一点做作，多一点真诚；少一点包装，多一点真实。只有真实了，才没有心累的感慨，才会活得轻松愉快。自己欣赏自己，生活才自信、才充满盎然生机。

学会善待自己，就要学会在各种压力面前为自己减压，卸去那些无形的枷锁。在工作、学习和生活中，要善于把压力变成动力，要为自己创造一个良好的心理环境，不要把压力变为自己的心理负担。为自己减压，要把工作看成一件乐事，把学习当作一件有趣的事情，把生活看作一件很平常的事。心情烦恼之时停下来歇一歇，心情快乐之时，各方面都加把劲。

给"活得累"开个新药方

你太累了，也该歇歇了，不要为所谓的世俗封阻了前进的道路。给自己一点时间和空间休息，听歌、听感人的故事、出去远行，等等，相信你会笑着面对一切的。

现代社会中，工作和生活的节奏不断加快，竞争也日渐激烈，如果人们不注意调整自己的心态，就很容易感到身心疲劳，即人们常说的"活得累"。

有位医生在给一位企业家进行诊疗时，劝他多多休息。

这位企业家愤怒地抗议说:"我每天承担巨大的工作量,没有一个人可以分担一丁点的业务。大夫,您知道吗?我每天都得提一个沉重的手提包回家,里面装的是满满的文件呀!"

"为什么晚上还要批那么多文件呢?"医生惊讶地问道。

"那些都是必须处理的急件。"企业家不耐烦地回答。

"难道没有人可以帮你忙吗?助手呢?"医生问。

"不行呀!只有我才能正确地批示呀!而且我还必须尽快处理完,要不然公司怎么办呢?"

"这样吧!现在我开一个处方给你,你能否照着做呢?"医生有所决定地说道。

企业家听完医生的话,读一读处方的规定——每天散步两小时,每星期空出半天的时间到墓地一次。企业家怪异地问道:"为什么要我去墓地呢?"

"因为……"医生不慌不忙地问答:"我是希望你四处走一走,瞧一瞧那些与世长辞的人的墓碑。你仔细思考一下,他们生前也与你一样,认为全世界的事都得扛在双肩,如今他们全都永眠于黄土之中,也许将来有一天你也会加入他们的行列,然而整个地球的活动还是永恒不断地进行着。而其他世人们仍是如你一般继续工作。我建议你站在墓碑前好好地想一想这些摆在眼前的事实。"

医生这番苦口婆心的劝说终于敲醒了企业家,他依照医生的指示,放慢生活的步调,并且转移一部分职责,他知道生命的真义不在急躁或焦虑,他的心已经得到平和,也可以说他比以前活得更好,当然事业也蒸蒸日上。

"生活太累了！"经常听见有人喊出这样的一句话。其实，生活本身并不累，它只是按照自然规律，按照本身的规律在运转。说生活太累的人是他本人活得太累了。心理学家认为：有"活得累"想法的人，大多数得的是"心病"，也就是他们的心理失去了平衡或发生了障碍。

心累与身累的最大不同是，身累睡眠状况特好，往往一入睡就是深度睡眠，一旦醒来，便觉浑身轻松，精神百倍；而心累虽然十分疲乏，但睡眠相当不好，常常失眠，越命令自己不考虑事儿越是接二连三地考虑，甚至上下五千年纵横八万里的事情全都涌向心头。好不容易入睡了，却不是被一点小声音弄醒，就是被梦魇惊醒，醒来后头晕目眩，跟大病了一场似的，而且很难再次入睡，往往形成恶性循环。

生活在不缺吃、不少穿的小康社会里，为什么有些人还会感觉活得太累呢？究其原因有以下几点。

1. 志大运背，怀才不遇

这种人天生清高孤傲，不愿随波逐流，虽才高八斗学富五车，然偏偏遇不到赏识自己的伯乐，致使其怨气冲天，常常发出"龙卧浅滩遭虾戏，虎落平原被犬欺；得志蠢猪充大象，落魄凤凰不如鸡"的慨叹。

2. 喜洁成癖，自讨苦吃

这种人容不得半点灰尘和一点污垢，满眼都是脏乱不堪的惨状，恨不得把所有的人和物都扔到清水中。把所有的休息时间消耗在清洁上了，甚至在梦里都忙个不停。

3. "忧国忧民"，事事操心

此类人智商不比别人高，但考虑事儿却远比别人多，比如世界局势将会有什么新的变化等，整天把自己搞得疲惫不堪。

4. 心高命薄，事与愿违

这些人对生活期望过高，然而现实与理想相差却甚远，故时时被失望的痛苦所折磨。

5. 在位谋政，诚惶诚恐

有些人把"说你行你就行不行也行，说不行就不行行也不行。不服不行"这副对联当成了座右铭。

活得累的人，应该认真分析一下自己究竟累在什么地方，心病还需心药医，确确实实地对症下药，这样，才能使自己从"活得累"中解脱出来，从而使自己生活得更加充实和快乐。给活得累的人开的药方只有4个字：修身养性。就是指面对困难和挫折鼓起勇气，树立信心；努力寻找自己在生活中的恰当位置，脚踏实地地为社会、为他人做事，以充实自己；遇事要拿得起，放得下，不要为一些个人和家庭小事斤斤计较。至于那些因为与充满竞争的社会环境及快节奏的生活不适应，而感到"活得累"的人，就应该锻炼身心、磨炼自己的意志，以增强社会心理的适应能力。另外，心理调整法也是治疗"活得累"的良方，就是要做到不断纠正自己因循守旧的意识和故步自封的想法及做法，树立自信心，增强尝试新事物的勇气；怡然处世为人，树立人际关系的新观念。

尖叫可以释放压力

由于人们工作和生活的节奏快，与人沟通少，难免造成压力过大。研究表明，通过尖叫的方式，不仅可以把自己心中的压力发泄出来，而且对身心健康也有一定的帮助。

大声尖叫并非一无是处，比如说，它能缓解人的精神压力，给人一个释放的空间。许多心理治疗师认为：一切形态的不快乐与不健康都起源于情绪得不到表达。你可曾留意，好好哭一场、捧腹大笑一阵，或者跟一个朋友或家人作澄清疑猜、化解张力的一席谈话之后，你感到多么舒坦！

现在你需要做的就是打开所有使你能抒发各种情绪的管道：你的心智、你的呼吸、你的声音。此事望之复杂，实则不然，你只要尖叫就行。

不妨拎个软软的枕头，走进一个你能独处几分钟的房间。先作个很深很深的呼吸，用枕头盖住了脸，然后尽你所能大声尖叫或高吼。再深呼吸，然后再用枕头盖住脸尖叫。如此一而再，再而三。一直到你觉得自己所有情绪都已透过肺呼吸、声带的声音释放出去时，才停止。

想出你的生活里，甚至世界上，你反对的一切事物，对着枕头，可试着大叫"不对！"如果你觉得疲惫、沮丧和懊怒，就大喊"我厌透了疲倦、沮丧和懊怒！"假使你感觉到幸福快乐，就喊"呀噢！"想出你生气的每个人，大叫"气死人了！"想出你爱的所有人、所有事物，大叫"好！"或"我爱你！"

如果感到胃中灼热或背上疼痛，喊出来；如果感到颈部僵硬或胸腔紧收，喊出来。直到你身体里最后一个细胞说："我喊完了，再无怨言了。"这时候，静静安坐片刻，集中知觉感受一下解脱压抑情绪的滋味。在日常生活中，要抒发你的情绪，就要培养这种解脱感，这就是快乐之道。

常给心灵做按摩

如今，人们讲究生活质量和生活品位，注重外部形体和容颜，而当心理疲惫时，你是否对它进行了必要的呵护？请不要忽视这种问题，这种呵护对对心理的支撑、养护和保健。经常进行心理"按摩"，是驱走不快、解决困扰的良好方法，会使你容光焕发，青春常驻。

幽默能驱走烦恼，幽默可以让烦恼变成欢畅，让痛苦变成欢乐，将尴尬变成融洽。家庭中有了幽默，便有了欢乐和幸福；夫妻间有了幽默，便能相知相契。幽默是生活的味精，心理健康不可缺少幽默。

笑是心理健康的润滑剂，是生活的一种艺术，它不仅有利于消除心理疲劳，而且可以活跃生活气氛。生活中有了笑声，就有了美的呼吸。在亲友们心情不快时，你不妨逗他一笑；自身产生苦恼，你不妨想件亲历的趣事引发一笑。

音乐可以陶冶情操，人可从音乐中获得力量。听歌不仅是一种美的享受，它还能调节人的情绪。当心情沮丧时，不妨听一曲你所喜爱的歌，它会把你带入另一片天地。

置身花木之中，以花为伴，与花交友，可以使人心舒气爽，忘却心中不快，心中仿佛也会开出五彩鲜花来。为了赏花之便，不妨在阳台或室内育几株花，视它们为伙伴。

运动的好处不言而喻。喜动者可跑步、爬山、打拳、练剑等，喜静者可饱览群书、习字绘画、养花钓鱼、下棋打牌。凭你的兴趣，找一种适合自己的活动方式，学会休闲，适度放松，才能拥有健康的身心。

你会发现另一方洞天，就是阅读。古书典籍、力作精品，都是古今中外名人、伟人和涵养高深之人的智慧积淀与结晶。与书为伍，同这些人交友谈心，可使你变得更加睿智、大度和富有才情，还会使你热爱生活，更加珍惜现在拥有的一切。

写作是一种提神益脑的健康生活方式。当你感到有话说而无听众时，当你感到心理压力大又不愿向他人诉说时，不妨就说给自己"听"。把你的痛苦、不满、感慨和心声，诉诸笔头，记录成文。这样可以缓解心理压力，调节心理情绪。

倾诉是一种自我心理调节术。生活不会一帆风顺，向亲朋好友吐露郁积在心头的苦闷，是排解不良情绪的好办法。在"心理梗塞"时，若能及时向值得信任的亲朋好友倾诉，可以在别人的理解中，使自己受挫的心灵得到安抚与慰藉。

在游戏中放松自己。游戏不只属于孩童，它应该陪伴我们走过整个人生。哪里有开心的游戏，哪里就一定充满笑声，少有忧愁。能游戏者，肯定是一个内心有着愉快感的人。游戏还可以丰富家庭生活，密切家庭成员之间的关系。

对痛苦的遗忘是必要的，沉湎于旧日的失意是脆弱的，迷失在痛苦的记忆里是可悲的。遗忘不是简单地抹去记忆，而是一种振作，一种成熟和超脱。忘记生活曾经给自己造成的种种不幸和苦痛，充分享受生活的各种乐趣，让心灵沉浸在现实的快乐之中。

每天抽二三十分钟或更长的时间，盘腿而坐，双目、双唇自然闭合，全身肌肉放松，呼吸均匀，逐渐入静，使纷乱活跃的思维转为平静，并逐步进入若有若无的超觉形态。由于入静后人的脑电图清晰有序，大脑皮层处于保护性抑制状态，同时，皮层与皮层下神经的功能协调统一，使整个机体的指挥系统——大脑的活动显得稳定而有节律，因此你会感到身体与内在精神的空前和谐，并油然而生一种难以言传的愉悦。一旦睁眼重返日常状态，顿觉头脑清醒、精力充沛。

善待压力从自制开始

要经常锻炼自己，面临压力不管大小，我们都要有自控能力。只有控制自己，才能控制住压力，让压力在你面前屈服。

有人说，人最难战胜的是自己，这句话的含义是：一个不善待自己的人最大的障碍不是来自于外界，而是自身，除了力所不能及的事情做不好外，自身能做的事不做或做不好，那就是自身的问题，是自制力的问题。

自我控制是一个人成长过程中最重要的个性品质之一，是衡量一个人心理成熟的重要标志。它代表着人对自己与周围环境关系的洞察，对自己适应能力的评价，对自身弱点的关注，并且能够积极地采取措施进行疏导，以适应环境对自己的要求。

要学会善待自己，就应学会控制自己，因为只有这样，你才会始终占据上风，由自己支配自己的情绪。自制就是要克制欲望，不要因为有点压力就心浮气躁，遇到一点不称心的事就大发脾气。自制力包括两方面：自我激励，以提高活动效率；战胜弱点和消极情绪，实现活动的目的。有人说，一个人要想在事业上取得成功，应该面临许多的压力，才能锻炼自己。

一个善待自己的人，其自制力表现在：大家都做在情理上不能做的事，他自制而不去做；大家都不做在情理上应该做的事，他强制自己去做。做与不做，克制与强制，超乎常人性情之外，就是善待自己的要素。

自制力是我们达到预期目的的有效途径，有了自制力，规划事情才有实施下去的动力，否则将无从谈起。当然，培养较强自制力是一个循序渐进的过程，需要在日常学习中、生活中积累，从小事做起，时时刻刻约束自己的不良行为。提高自制力，可采用以下几种方法。

首先，要培养良好的品德修养。品德高尚的人才能理性地分析解决问题，才能不被外界的诱惑误导，头脑保持清醒，遇到诱惑能够克制住自己。

其次，要树立远大的人生目标并付诸实践，战国时期苏秦"锥刺骨"的故事，应该不会有人陌生，他的成功只凭借自己的一份决心，不断鞭策自己，最后功成名就。这不正是自制力的驱使吗？

最后，要广交好友，拓宽人际关系。可以学习并吸收别人的优点，不断充实提高自己，通过对不良事物的认知能力和抵制能力，在潜移默化中远离不良诱惑。

自制力对于增进生理和心理健康，也有重大作用，不能进行情绪控制和行为控制的人，是不会有健康的身体和健康的心理的。

自由自在每一天

英国哲学家、诗人泰瑞说得好："忙碌，是无所事事的人制造的假象；忙碌，是一无所有的人骗人的伎俩。"忙碌烦躁，是多数人生活的写照。每天总是忙忙忙，越忙碌，就越觉得生活茫然。不知为何要这么忙，却又是忙忙忙。于是，盲目、忙碌、茫然，整天游来荡去，累了烦了，却还是摆脱不了。

一位著名的演员曾很得意地说："我经常同时录制十几个节目！除此之外还要剪彩、赶秀、开店！"可到头来呢，她的家庭、财务、健康都出了问题，过分的忙碌化为一场空。真正茫然了一场。一名企业老总也曾在受访中说道："我每天工作超过18个小时！常常是连吃饭、睡觉的时间都在工作！"而得到的结果呢，竟是吃几场官司、坐了一次牢狱，并于47岁英年早逝。虽然累积了几亿财富，但在世时他得到的似乎仅仅是忙碌烦躁。

忙碌不是一种状况，而成了一种病态。没人乐意忙碌，但不忙碌又感觉空虚，就怕自己会落伍，会被这个社会淘汰。

放缓行动静下心来想想，是该把目标定得过高，每天每年忙于追求呢？还是应自在地度过每一天，细细品味个中的甘苦？喜欢登山的人都知道，登山的目的不全在于登顶，而着重在于攀登中的观赏、感受与互动。但是竟有不少登山者的目的就是登顶，而忽略了沿途的风光。一旦因故登不了顶，前者的收获仍是满满的，而后者就只有惆怅。

自由自在地面对生活，只要我们有了基本的生活保障后，就应该多一些精神上的享受，少一些物质上的烦恼；多一些亲情，少一些抱怨；多一些宽容，少一些记恨；多一些思考，少一些浮躁。只有这样，才能在这个芸芸众生的大千世界里，让自己的生活多一些色彩，少一些后悔；多一些朋友，少一些对立；多一些温馨，少一些孤独，对待生活期望值不要太高，这样你才能时时开心，天天快乐。

戒除忧虑，开开心心过好每一天

忧虑是一种不良情绪，其突出表现是什么事情总往坏处想，往难处想。有一种前怕狼、后怕虎的感觉，如，孩子出去玩，总是担心摔着。做生意投资又担心亏本。工作干坏了，怕领导批评；干好了，又怕同事嫉妒。等等。

有时候自己也觉得忧虑是荒谬可笑的，立即否定了它，但这种忧虑会固执地再次出现。内心充满矛盾、抱怨，不能自拔，常常抑郁、焦虑，吃不香、睡不甜，使人陷入痛苦之中，造成恶劣的心境，并诱发多种疾病影响身心健康，如，消化性溃疡、高血压、甲亢、糖尿病等。由此可见，消除忧虑是心理保健课的重要课题，无忧无虑是不存在的，但总有些办法可以让你暂时放下忧虑，轻装前进。应从下列几方面去努力。

1. 承受不可避免的事实

在日常生活中，不可能任何时候都一帆风顺，困难、挫折、失意等等是难免的。如何对待这些不可避免的情况呢？从对待困难的角度上讲，应树立信心，勇敢面对，并奋斗到底。但对于棘手的问题，能设法解决的就去做；要是解决不了的，就干脆把它忘却，不要为未来担心。

2. 自觉厘清思路，保持乐观的心境

心境是一种较弱但持久的情绪状态，还可以在很长一段时间内影响人的情绪和言行。要想保持乐观的心境，必须发挥主观能动性，清除消极思想。

3. 宽恕自己

宽恕是坚韧的特征。当自己做错了某件事，或说错了话，不要总是抓住自己不放，应该告诉自己，下次注意就是了。

4. 用概率战胜忧虑

如果我们用概率认真分析，就会发现绝大多数事情发生的结果并不像忧虑时所想象的那种情况，许多忧虑，完全是多余的。

5. 忘却

给人们造成精神压力的，并不是今天的现实，而是对昨天所

发生事情的悔恨，以及对明天将发生事情的忧虑。为了事业，为了健康，为了长寿，我们必须命令忧虑滚开，而唯一的方法就是忘掉它。

6. 从最坏的角度做打算

忧虑使人的精神无法集中，思想到处乱转，而人在丧失决断能力，精神上接受最坏的情况以后，就能够面对所有可能的情形，而集中精力，镇定地想办法改善最坏的情况，减少所受的损失。

仔细想想，忧虑是自己伤害自己。一个人在忧虑时，体内的机能就会失调，导致内脏的功能紊乱而得病。过度的忧愁悲伤会使肺气消耗，使人出现气短、喘息等疾病。而长时间的苦思、焦虑会使人心有所存，神有所归，气滞而不畅，时间一长，造成伤血、耗气、损神以及心悸、失眠、心痛、食少等症状。这样便会使机体的功能退化、加速人的衰老。

第六章

凡事不钻牛角尖，做世界上最"糊涂"的聪明人

糊涂的人因"傻"得福

人生在世，即使什么也学不会，也得学会吃亏。只要学会吃亏，你就会烦恼不上身、遇事游刃有余、心底坦坦荡荡、吃饭有滋有味了。这种神仙般的滋味，是爱占小便宜的人根本体会不到的。

因此，遇事吃点亏、让一步，不是傻瓜而是英雄，因为他用静心的智慧躲避了身后不可想象的事情发生。

在电影《阿甘正传》中，主人公阿甘在人们的眼中一度像个白痴，但是他却干出了伟大的事业。阿甘出生在美国南部的阿拉巴马州的绿茵堡镇，由于父亲早逝，他的母亲独自将他抚养长大。

阿甘不是一个聪明的孩子，小的时候受尽欺侮，他的母亲为了鼓励他，常常这样说："人生就像一盒巧克力，你永远也不知道接下来的一颗会是什么味道。"他牢牢地记着这句话。在社会中，阿甘是弱者，他几乎没有能力掌控自己的生活。于是，他选择命运为他做出安排。

阿甘的智商只有75，但凭借跑步的天赋，他顺利地完成大学学业并参了军。在军营里，他结识了"捕虾迷"布巴和神经兮兮的丹·泰勒中尉，随后他们一起开赴越南战场。战斗中，阿甘的小分队遭到了伏击，他冲进枪林弹雨里搭救战友，丹·泰勒中尉命令他乖乖地待在原地等待援军，他说："不，布巴是我的朋友，我必须找到他！"虽然没能最终挽救布巴的生命，但至少，布巴走时并不孤单。

战后，阿甘决定去买一艘捕虾船，因为他曾答应布巴要做他的捕虾船的大副。当他把这个想法告诉丹·泰勒中尉时，丹中尉笑话他："如果你去捕虾，那我就是太空人了！"可阿甘说，承诺就是承诺。终于有一天，阿甘成了船长，丹·泰勒中尉当了他的大副。

阿甘和女孩珍妮青梅竹马，可珍妮有自己的梦想，不愿平淡地度过一生。于是，珍妮让阿甘离自己远远的，不要再来找她，可阿甘在越南依旧会每天给珍妮写信，依旧会跳进大水池里和珍妮拥抱。珍妮说："阿甘，你不懂爱情是什么。"阿甘说："不，虽然我不聪明，但我知道什么是爱。"珍妮一次又一次地离开，但阿甘从未放弃过她。最终，有情人终成眷属。

阿甘的成功，从某种意义上说，拜赐于他的傻和宽广的胸怀。阿甘总是那么快乐、那么勇敢，我们以为他不知道自己和别人不同，没想到，原来他一直都承受着因歧视而带来的痛苦，从而不希望他的孩子同自己一样。原来他不是不知道，只是装糊涂，不去与他人计较。

阿甘是真正的聪明人，因为聪明的人都擅于谦让，敢于吃亏。比如单位里分东西不够时，自己就主动少要些，一些荣誉称号多让给将退休的老同事，等等。

话虽如此，但能够主动吃亏的人实在太少，这不仅是因为人性的弱点，更是因为大多数人缺乏长远的眼光，不肯舍得眼前小利而换来内心的安宁。

恰到好处，才是最好

量变引发质变，有时候，把一件事情做到极致，反而未必能得到想要的效果，凡事太过钻牛角尖，有可能把自己逼入死胡同。

IMG 公司有一位精力旺盛的女业务代表，负责在高尔夫球及网球场上的新人当中发掘明日之星。美国西海岸有位年轻的网球选手，特别受她重视，她决定邀请对方加盟她的公司。

从此，纵使每天在纽约的办公室忙上 12 个小时，她依然不忘时时打电话到加州，关心这位选手受训的情况。这个网球选手到欧洲比赛时，她也会趁着出差之便，抽空去探望，为他打理一切。有好几次，她居然连续一周都未合眼，忙着飞来飞去，追踪这个选手的进步状况。

一次，那位年轻的选手参加法国公开赛。按原订日程，这位女业务代表不需出席这项比赛，但是为了保持与那位年轻选手的关系，她努力去说服她的主管。主管勉强答应，但条件是，她得在出发前把一些紧急公务处理完毕。结果她又是几个晚上没合眼。

抵达巴黎的当日，在一个为选手、新闻界与特别来宾举行的晚宴上，她依旧盯着那位美国选手，并且像个称职的女主人，时时为他引见一些要人。当时正是瑞典网球名将柏格独领风骚的年代，他刚好是他们的客户，又是那名年轻选手的偶像，很自然地她她便介绍他俩认识。柏格当时正在房间一角与一些欧洲体育记者闲聊，这时，她与那个年轻的选手迎上前去。当对方望向这边时，她说："柏格，容我介绍这位……"天哪！她居然忘了自己最得意的这位球员的姓名！

后来，那位年轻选手成了世界名将，但他与 IMG 公司再也没有关系。

这位女业务代表的确令人钦佩，如果运气好，碰上一个懂事的小伙子，她的失误也不是什么大的失误，因为在那种情况下，只要小伙子自我介绍一下就没什么问题了，不计较，同样也没有什么事。但她这样不顾一切地认真工作，对服务对象过于关注，则总会造成这样或那样的错误。

在现实生活中，许多人往往不能控制自己的情绪，想"糊涂"却难"糊涂"，有时候过分认真、专注于一件事情，并且遇到不顺心的事，要么"借酒消愁"，要么"以牙还牙"，更有甚者，因想不开而轻生厌世，这都是错误的做法。

那么，怎样才能在该糊涂的时候做到糊涂呢？

首先，要学会理智处事，沉不住气时反复提醒自己要以理智的心态来控制自己的感情。

其次，要学会苦中求乐，擅于在生活中寻找乐趣，多参加一些自己感兴趣的活动，把生活安排得丰富多彩，让自己活得有滋有味。

再次，要学会广交朋友，遇到挫折、失败之事，不妨找知心朋友谈谈心。

最后，要学会巧妙地应付各种复杂多变的环境，以保持心理平衡，维护身心健康。

外圆内方的处世智慧

方为做人之本，圆为处世之道。

"方"，方方正正，有棱有角，指一个人做人做事有自己的主张和原则，不被人所左右。"圆"，圆滑世故，融通老成，指一个人做人做事讲究技巧，既不超人前也不落人后，或者该前则前，该后则后，能够认清时务，使自己进退自如，游刃有余。

一个人如果过于方方正正、有棱有角，必将碰得头破血流；但是一个人如果八面玲珑、圆滑透顶，总是想让别人吃亏、自己占便宜，也必将众叛亲离。因此，做人必须方外有圆、圆外有方，外圆内方。

外圆内方的人，有忍的精神、有让的胸怀、有貌似糊涂的智慧、有形如疯傻的清醒、有脸上挂着笑的哭、有表面看是错的对……

"方"是做人之本，是堂堂正正做人的脊梁。人仅仅依靠"方"是不够的，还需要有"圆"的包裹，无论是在商界，还是交友、爱情、谋职等等，都需要掌握"方圆"的技巧，这样才能无往而不利。

"圆"是处世之道，是妥妥当当处世的锦囊。现实生活中，有在学校成绩一流的，进入社会却成了打工的；在学校成绩二流的，进入社会却当了老板的。为什么呢？就是因为成绩一流的同学过分专心于专业知识，却忽略了做人的"圆"；而成绩二流甚至三流的同学却在与人交往中掌握了处世的原则。正如卡耐基所说："一个人的成功只有15%是依靠专业技术，而85%却要依靠人际关系、有效说话等软科学本领。"

真正的"方圆"之人是大智慧与大容忍的结合体，有勇猛斗士的武力和沉静蕴慧的平和。真正的"方圆"之人能对大喜悦与大悲哀泰然不惊。真正的"方圆"之人，行动时干练、迅速，不为感情所左右；退避时能审时度势，全身而退，而且能抓住最佳机会东山再起。真正的"方圆"之人，没有失败，只有沉默，是面对挫折与逆境的积蓄力量的沉默。

在强大的对手高压下，在面临危机的时候，采取藏巧于拙、装糊涂、扮作"诚实"的样子，往往可以避灾逃祸，转危为安。面临险境或遇到突发事件时装傻卖呆，这比临危不惧和视死如归的壮烈要安全得多。留得青山在，不怕没柴烧，以拙诚与对手周旋，确实不失为一种高明之术。

这种外圆内方的做法，在历史上就已有之。《三国演义》中有一段"曹操煮酒论英雄"的事情。

当时刘备落难投靠曹操，曹操很真诚地接待了刘备。刘备住在许都，在衣带诏签名后，也防曹操谋害，就在后园种菜，亲自浇灌，以此迷惑曹操，使其放松对自己的关注。一日，曹操约刘备入府饮酒，谈起以龙状人，议起谁为世之英雄。刘备点遍袁术、袁绍、刘表、孙策、张绣、张鲁，均被曹操一一贬低。曹操指出英雄的标准——"胸怀大志，腹有良谋，有包藏宇宙之机，吞吐天地之志"。刘备问"谁人当之"，曹操说："天下英雄唯使君与操耳。"刘备本以韬晦之计栖身许都，被曹操点破是英雄后，竟吓得把匙箸丢落在地下，恰好当时大雨将至，雷声大作。曹操问刘备："为什么把筷子弄掉了？"刘备从容俯拾匙箸，并说："一震之威，乃至于此。"曹操说："雷乃天地阴阳击搏之声，何为惊怕？"刘备说："我从小害怕雷声，一听见雷声只恨无处躲藏。"自此曹操认为刘备胸无大志，必不能成气候，也就未把他放在心上，刘备才巧妙地将自己的慌乱掩饰过去，从而也避免了一场劫难。

刘备在煮酒论英雄的对答中是非常聪明的，他用的就是方圆之术，在曹操的哈哈大笑之中，才免去了曹操对他的怀疑和嫉妒，从而最后如愿以偿地逃脱虎狼之地。至于三国后期的司马懿，更是个外圆内方的高手，他伪装快要死的人，瞒过了大将军曹爽，达到了保护自己、等待时机的目的，最后实现了自己的抱负，统一了天下。这正是"鹰立似睡，虎行似病"。

形醉而神不醉，外愚而内不愚

若愚者，即似愚也，而非愚也。所以"若愚"只是一种表象、一种策略，而不是真正的愚笨。在"若愚"的背后，隐含的是真正的大智慧、大聪明、大学问。真正具有大智慧、大聪明的人往往给人的印象总是有点愚钝，所以中国才有了"大智若愚"这个带有很深哲理意义的成语。

糊涂与清醒，是糊涂一些好呢还是清醒一些好呢？一般的答案一定是后者。可糊涂学却提倡前者。例如，电影《九品芝麻官》中，包龙星自幼家贫，但他有志要像先祖包公一样做个明镜高悬的清官。龙星长大后，亲戚们出钱给他捐了个候补知县，是个九品芝麻官。龙星看似懒散糊涂的外表下有其他人难以企及的智慧，每断奇案，深受百姓爱戴。这便是外表糊涂、内心清楚的生活智慧。

当然，如果一个人内心本来很清楚，却让他在表面上装糊涂，这确实是件很困难的事，非有大智慧者不容易办到。而做到了这一点，就是所谓的"清楚之糊涂"了。

"大智若愚"不是故意装疯卖傻，不是故意装腔作势，也不是故作浅显，故作玄虚，而是待人处世的一种方式、一种态度，即遇乱不惧、受宠不惊、受辱不躁、含而不露、隐而不显，看透而不说透，凡事心里都一清二楚，而表面上却显得不知、不懂、不明、不晰。

三国时期的司马懿，本来是个老谋深算、聪明绝顶的人，却总喜欢装糊涂。当年他在五丈原，凭借一套大智若愚、软磨硬泡的功夫，终于拖垮了老对手诸葛亮，居功至伟，在国内也权倾一时。正因为功高震主，少不得引来同僚的妒忌和朝廷的猜疑。这种情况下，司马懿干脆装起糊涂来，以病重为由长期在家休假，给人制造一种他行将就木的假象。但他的政敌们还是不放心，派了一个人以慰问病情为由刺探司马懿的虚实。司马懿干脆将计就计、顺水推舟，真的装出一副日薄西山、气息奄奄、病入膏肓的样子。在司马懿的策划下，来人果然被蒙骗了过去，回去就说司马懿病势沉重，将不久于人世，于是司马懿的政敌们终于放松了警惕，就在这个时候，司马懿暗中培植羽翼、广罗亲信，神不知鬼不觉地布置自己的两个儿子抓住了京师禁军大权。后来瞅准了一个时机，发动了"高平陵之变"，几乎将曹家的势力一网打尽。至此，魏国军政大权尽数落在司马氏手中。

你看，一个人充分运用糊涂学的技巧，会有很多意想不到的收获，也不失为保全自己的手段。细数古今中外，无论是政治、军事、外交、管理，其实都用得着"清楚之糊涂"的招数。所以对聪明人来说，正确的态度应该是什么呢？那就是"该清楚时就清楚，偶尔也要装糊涂"。

睁一只眼闭一只眼

将"糊涂学"活学活用到生活中，也就是"睁一只眼闭一只眼"，成语叫作视而不见。对有些事情，你好像已经看见了，好像又没有看见。比如对于上司的某些丑陋，你看得明听得清，但你就是摆出一点儿也不知道的样子，故意让自己蒙在鼓里。倘若你说自己知道了，那你就是聪明过头了。

　　很久以前，土豆还不是世界各地都有种植的植物。法国有位聪明而又热心的农学家，有一次在德国吃了一次土豆，就很想在自己的国家里推广种植这种作物，但他的热心宣传却得不到回报，没人相信他的话。当时法国的医生甚至认为土豆有害于人的健康，有的农学家断言种植土豆会使土地变得贫瘠，宗教界称土豆为"鬼苹果"。聪明的人是不会轻易放弃的，这位一心推广土豆种植的农学家，终于想出了一个新点子。在国王的许可下，他在一块出了名的低产田里栽培了土豆，由一支身穿仪仗队服装的国王卫兵看守，并声称不允许任何人接近它、挖掘它。但这些士兵只在白天看守，晚上全部撤走。人们由于好奇，晚上都来挖土豆，并把它栽到自己的菜园里。这样，没过多久土豆便在法国推广开了。

　　这个推广方法的成功，就得益于智慧和心理的巧妙结合。如果直接向人们推广说土豆好，人们是不会接受的，如果由国王种植，又有卫兵看守，暗示的情境意义即：这是贵重物品。由此诱发了人们占有的欲望，再加上栽种后的亲自品尝与体验，确信有益无害，就会完全接受这种作物。这里交际情境的魅力，就在于利用了人们的好奇心理，睁一眼，闭一眼，创造了一个让人们接触土豆的契机，所以产生了预期的效果。

　　生活中也是这样。俗话说得好：人无完人。每个人都有自己的缺点和不足，在人与人的交往中，如果我们总是睁大眼睛，就像显微镜似的观察、计较别人的缺点和不足，那么，我们永远不会满意对方，我们会嫌弃、厌恶别人，就处理不好与同学、同事、朋友、亲人、爱人的关系，会破坏起码的团结，会失去朋友甚至失去亲人和爱人。如果我们闭上一只眼睛，以一份宽容的心看待别人的缺点和不足，给别人一份信心，给自己一份轻松，生活就变得可爱多了。

会吃亏是比金钱更值得珍视的财富

吃亏是福关键在于心，在于不计较得失。生活中，懂得吃亏的人才是真正的智者。对于生活中由于争端而吃点亏，最好的做法是"大事化小，小事化了"。因为每个人都会有不顺心的时候，但你能在这个时候尽量忍让，不惹事端，多考虑对方的感受，多感谢他们平时对自己的帮助和支持，这才有助于以后工作的发展。

有一个年轻人，在他28岁那年就被选为银行总裁。一日，他与股东会议主席（也就是前任的总裁）谈话，他说："如您所指，我才被指定担当总裁职务，这真是一个艰巨的任务。我希望您能根据自己多年的经验给我一些建议。"年长的前任总裁看着坐在自己面前的新总裁，很快以6个字作为回答："做正确的决定。"年轻的总裁期望得到更进一步的回答，他说："您的建议很有帮助，我非常感激。但是您能否说详细一点儿？我真的很需要您的帮助以做正确的决定。"

这个充满智慧的老人回答:"经验。"新总裁又问:"没错,那正是我今天出现在这里的原因。我不具有我所需要的经验,我该如何获得这些宝贵的经验呢?"老人笑着以简洁的语气回答:"错误的决定。"

亡羊补牢,未为晚也,谁都有疏忽大意的时候,谁都有这样那样的缺点和错误,第一次吃亏并不可怕,关键是我们要面对错误,吸取教训,找出吃亏的原因,这才是我们以后取得成功的最有力的保障和工具。

工作中,有些责任分得不是很清,谁多做?谁少做?如果大家都想占便宜,那肯定有许多事情就没有人去做,这样的结果使你们这个集体的名誉受到影响,真所谓占小便宜吃大亏,如果大家都不怕吃亏,有什么事情都抢着做,也许这次你吃亏了,也许下次他吃亏了,但是,工作都完成了,集体荣誉有了,大家感情融洽了,工作氛围好了,相比下来,虽然吃点小亏,还是收获了"福"。

朋友相处也是这样,如果都想着占别人的便宜,也许你会得逞一两次,可是时间久了,谁还会相信你这个朋友?虽然"为朋友两肋插刀"是常人难以达到的境界,但因为偶尔的吃亏,得到一辈子的好友,这难道不是福吗?

对待家人也是如此,亲人心甘情愿地吃亏,做子女的也不能理所当然地占这个便宜,要体会亲人的一份真情,同时,你也要能为家人吃亏,大家都让三分,还会有什么家庭矛盾,这难道不也是福吗?

不是聪明得太快，而是糊涂得太迟

生活中往往有许多意想不到的事情，如果事事认真求全，往往会在心里产生少许挫折感，倒是折中一下比较好。折中能促成完满的人际氛围，圆滑地化解各种矛盾。

晚清名臣张之洞曾就任山西巡抚，即将启程时，有一个山西籍富商，泰裕票号的孔老板，表示要送 1 万两银子给他。他对张之洞说，他深知张之洞为官清廉，手头并不宽裕，出于对张之洞的敬慕，他送"一点薄礼"是为张之洞解决些差旅费。

张之洞当时婉言谢绝了孔老板的好意。可是当他来到山西，考察了当地的情况之后，深为山西罂粟的种植之多而震撼，他决心铲除山西的罂粟，让百姓重新种植庄稼。而改种庄稼，需要帮助百姓买耕牛、买粮种，但山西连年干旱，歉收，加上贪官污吏的中饱私囊，拿不出救济款发放给老百姓。他深感世事多艰，有时太坚持原则会把人难死，他决定向商号老板募捐。这时，他第一个想到的就是孔老板。

他想，孔老板很有实力，他拿银子贿赂自己，无非是为了日后得到关照。如果说服孔老板把银子捐出来，为山西的百姓做善事，以银子换美名，他或许会同意。

经过商谈，孔老板终于表示愿意拿出 5 万两银子，但前提是满足他的两个愿望，一是请张之洞在他票号大门口的匾上题写"天下第一诚信票号"8 个字；第二个愿望是张之洞为他弄个"候补道台"的官衔。

刚开始张之洞觉得孔老板的这两个条件都不能答应，因为自己连泰裕票号诚信不诚信都不知道，又怎么能说它是"天下第一诚信票号"呢？第二，他向来讨厌捐官，认为捐官是一桩扰乱吏治的大坏事，自己厌恶的事自己怎么能做？！这个孔老板也太过分了，仗着有几个钱居然伸手要做道台！人家千千万万读书郎，数十年寒窗苦读，到死说不定还得不到正四品的顶子呢！可是不答应他，又到哪里去弄5万两银子呢？没有这5万两银子，就没有五六千户人家的种子、耕牛，他们地里长的罂粟就不会被铲除，禁烟在这些地方就成了空话。

　　5万两银子毕竟不是个小数目，这对张之洞的诱惑太大了。经过反复思考，张之洞决定采用折中迂回的手段，答应为孔老板的票号题写"天下第一诚信"6个字，这跟孔老板所要求的那8个字相比，不仅仅少了"票号"两个字，而意思上也有了很大的不同，因为"天下第一诚信"这六个字意味着：天下第一等重要的是"诚信"二字，并不一定是说他们泰裕票号的诚信就是天下第一。

　　至于他的第二个要求，张之洞反反复复想了很久，最后给自己找了这样一个台阶：一来，捐官的风气由来已久，不足为怪；二来，即使孔老板做了道台，他依旧要做他的票号生意，并不会等着去补缺，也就不会去抢别人的位置，所以对孔老板来说不过是得了个空名而已。再者，按朝廷规定，捐4万两银子便可得候补道台，孔老板要捐5万，已经超过了规定的数目，给他个道台的虚名，于情于理都不为过。为了5万两救民解困的银子，张之洞终于"说服"了自己，而孔老板最后也答应了张之洞的折中方案。

把事情办得周全，让各方人都舒服，才叫高明。张之洞做出这种折中的方案也有些无奈，世事多艰，有几件事可以简单、顺利地办理呢？张之洞采取迂回的方式，借孔老板的钱改善民生，而孔老板也得到了名，并不违背大的原则，也无可厚非。

人们常称赞一举两得、两全其美的举措，是因为这些举措排除了触及各种人际关系后所产生的负面效果，直接达到了预期的目标。有人询问一位办事高手："如何才能办好每件事？"高手答道："也没有什么，只是折中罢了。"这"折中"二字可使我们在生活中受益良多。

吃糊涂亏，积无量福

从表面上来看，吃亏，意味着舍弃与牺牲。如果以同样的方式来理解"吃亏是福"，那么从中便很容易看出这样做似有犯傻之嫌疑。常言道：人不为己，天诛地灭。宁愿吃亏，而且还认为吃亏是福，或许只有精神不正常的人或者傻到极点的糊涂人才会这么认为。吃了亏不发怒，不伺机报复已是不错了，还要让人认定这是一种福气，乍一听，实在说不过去。其实，强调"吃亏是福"是寄托长远的清醒，也是心安理得、心境平和的自在，是吃小亏避大亏的智慧。

路径窄处，留一步与人行；滋味浓处，减三分让人尝。特别当残酷的现实需要我们做出舍弃与牺牲时，如果我们能够坦然处之，吃"眼前亏"，能舍弃和牺牲某些利益，学会"糊涂"不去计较这些，失去的大多是物质的和暂时的。吃这样的亏会让我们的生活静好，来去自如，逍遥自在，让人生进入极乐境界。

常言道："人吃亏，人常在。"吃亏不是不求索取，不是没有追求，不是无所作为，而是一种坦然，坦然面对理性中的得失和追求；是一种豁然，豁然面对悟性中的索取和作为；是一种超越，超越于别人忙于追名逐利而仍然保持的宁静和明智。如果在得失面前，保持一种超然的心态、淡泊的情怀，就会有一分清醒、一分思考、一分期待、一分追求。因此，吃亏也是一种修养，一种气质，一种境界。

反之，一点亏也吃不得，处处想占便宜的人，虽然处处争得自身利益，争得高高在上，最终则必将众叛亲离，孤立无援，为众人所遗弃。当然，我们并不主张做浑浑噩噩、不知所为的庸者，但我们要在收获与付出、得与失的理性中去赢取团结合作的氛围。因此只有不怕吃亏的人，才能与人和谐共处，才能赢得众心归，才能有权威，才能有所作为。

在实际生活中，越是不肯吃亏的人，越是可能吃亏，而且往往还会多吃亏、吃大亏。这是不以人的意志为转移的规律。那些贪官不甘心吃亏，面对金钱的诱惑，他们无法克制自己，为了满足自己的欲望，自以为聪明，他们把人民给予的权力用来牟取私利，权钱交易，用来当作自己的生财之道。到头来为了一个"贪"字丢官罢职掉脑袋，葬送了自己的一切。

所以说，天底下没有免费的午餐，同样也没有白吃的亏。吃亏就是耕耘，为了希望种子的撒播；吃亏就是播种，为了夏季艳丽的花朵；吃亏就是浇灌，为了秋天丰硕的收获！

糊涂是洞明人生的智慧

郑板桥乃"扬州八怪"之首，一生为人一尘不染，正直率性，为官两袖清风，为民谋益，清名可谓家喻户晓。"聪明难，糊涂难，由聪明而转入糊涂更难；放一着，退一步，当下心安非图后来福报也。"他的这副对联实为千古绝唱，只言片语间便道出了人生的大智慧。

大凡立身处世，无人不需要聪明和智慧，但聪明与智慧在许多时候却要依赖糊涂才得以体现。这乍听起来似乎有些不得其解，实际上这里说的糊涂不是痴愚懵懂，不是与生俱来、装不来、求不到的真糊涂，而是一种明明是非黑白了然于心，偏偏装作良莠不分，装出来的假糊涂，即由"聪明转入糊涂"。这种糊涂就是要审时度势、有所吐纳，不要一味地聪明到底，可以有所保留、有所退让，虽不计一时的得失却能聪明一世，却能心安。

郑板桥在潍县做县令时，勤政爱民，使潍县富了起来。京城大官们都想到这块肥肉上咬一口，可都被郑板桥的"不识时务"给挡了回去。有个绰号叫"三拐子"的钦差不以为然，他想："凭我'雁过拔根毛'的手段，何愁他郑板桥不就范呢？"于是他就想出个"计策"——先派人给郑板桥送去了个礼盒。郑板桥接到礼盒打开一看，不由一惊，心想："这家伙真是老谋深算，诡计多端，他先送给我百两纹银，按理我该十倍回赠才是啊！"郑板桥思来想去，最后还是把礼收了下来，然后送回一个同样的礼盒。三拐子一见大喜过望，急忙打开，却差点把他气疯了。原来盒子里并无半两银子，只有郑板桥的一首诗："芝麻郑燮拜尊翁，馈赠恩深却不恭。金银有数终须尽，无限情怀空盒中。"

三拐子见此实在是哭笑不得，他决定要好好整治一下郑板桥，可是怎么也想不出整治的理由，找不出毛病来。无奈也只好回京城去了。然而他这个占惯了别人便宜的人，却总是念念不忘这件事。他自己很是感慨：自己打了一辈子的雁，却叫雁给啄瞎了眼。于是也诌了一首所谓的诗，来表达自己的心情："潍县挺富都想啃，啃来啃去赔了本。百两银子白搭上，疼得我觉无法困。"

郑板桥的糊涂实在不是"痴"和"愚"，更不是圆滑世故，而是对于为人之道、为官之道的大彻大悟，是洞明人生的大智慧。

"由聪明转入糊涂"是一种自我保护，是为了求得"当下安心"，是为了实现心理平衡，是一种心理防御机制，是更为聪明之举。正如有人说过"事可为而不为是懦夫，事不可为而强为是蠢汉"。聪明的人应该做聪明的事，而不是强为不可为之事，而"难得糊涂"却以不强为达到"为"的目的，达到了超凡入圣的心理境界。

"难得糊涂"之"难"在于当需要你糊涂的时候却装不来糊

涂，所以大智慧尚需大悟道。这样看来板桥先生的"难得糊涂"中的"糊涂"就是一门学问了，不仅高雅，隐含的哲理也很深。尤其是这"难得"二字大有学问，不是让人时时刻刻装糊涂，而是在必要的时候装回糊涂。

糊涂是智者最好的外衣

李白有一句耐人寻味的诗，曰"大贤虎变愚不测，当年颇似寻常人"，揭示了糊涂学意义上的处世法，是指在一些特殊的场合中，人要有猛虎伏林、蛟龙沉潭那样的伸屈变化之胸怀，让人难以预测，而自己则可在此期间从容行事，这正是"揣着明白装糊涂"。"揣着明白装糊涂"是一种达观，一种洒脱，一份人生的成熟，一份人情的练达。当然做到"明知故昧"绝非易事，如果没有高度的涵养是断然不行的。

"装糊涂"是一门高深莫测的大学问，古代的庄子就是一个极其推崇"装傻哲学"的人。《庄子》里讲过"望之似木鸡"的故事，就是"呆若木鸡"的成语来源。那斗鸡不骄不躁，甚至带着呆气，却能百战而百胜，绝不含糊。可见，看着"呆"的未必是真"呆"！

所以，我们所谓的糊涂不是真正的糊涂，不是昏庸，也不是没有是非观念的好好先生，更不是卑下的和稀泥、扯皮，而恰恰相反，它是一种藏巧卖拙的智慧。

历史上有名的大青天海瑞在浙江淳安县当知县的时候，有一天，驿站的差人来告状，说有一个人自称是总督胡宗宪的儿子，嫌驿站的马匹不好，把驿吏捆起来倒挂在树上。

　　海瑞听后马上带人赶到驿站。他看到穿着华丽衣服的胡公子正在指手画脚地骂人，他身边还放着大大小小的箱子，箱子上还贴着总督衙门的封条，心里立刻明白了，这肯定是胡宗宪的儿子，并且又收了不少赃礼。

　　海瑞查看打量之后，心里马上有了主意，于是叫人把箱子打开，原来里面装着好几千两银子。海瑞立刻变了脸色，指着胡公子，对围观的群众说："这恶徒真可恶，竟敢假冒总督家里的人，败坏总督名声！那次胡总督出来巡查时，再三布告，叫地方不要铺张，不要浪费。你们看这恶徒带了这么多行李和银子，怎么会是胡总督的儿子呢。他一定是假冒的，要严办才是。"

　　于是，海瑞把胡公子的几千两银子没收充公，交给国库。又写了一封信，连人一起送给总督胡宗宪发落。胡宗宪看了来信，又看看被捆绑着的儿子，气得说不出话来。他怕海瑞把事情闹大，只得忍气吞声，为了不失颜面，也不敢向海瑞说明他所捉的人就是自己的儿子。银子的事情更是不敢再提了。

　　从这个故事里，我们可以看到海瑞这个青天装糊涂的高明，给对方一副不谙世事的愣头青的假象，然而正是这种策略，不但坚持了自己正直清廉的本色，还省却了他人的嫉恨。

　　其实，真正的聪明人都懂得装糊涂，这样的人其实心知肚明，却表现得痴傻，正因为这种表现，才让他人消除了应有的防备。糊涂其实是大智慧、大哲学，更是一种幸福。但是有个前提，你必须是理智聪明的人，你必须清楚装糊涂是大智慧。把复杂的事想简单，是傻；把清楚的事想糊涂，也不聪明。复杂的事不去想它，清楚的事装糊涂，不计较才是真聪明。

所以，要学会做一个会装糊涂的人，这样别人才不会去费尽心思地去揣度你的心思，你才可以去安心做自己要做的事。当你被别人"监视"的时候，装糊涂更为重要，只有这样你才可以逃避他人对你的敌意。

看穿是非得失，心中有数即可

虽然说人生如戏，但是真正的高人，不在戏中迷失自己。是是非非、纷纷扰扰不过是过眼云烟，不值得挂怀。面对再多的诱惑，也知道该放弃时则放弃，在混杂中活得清楚明白。一切势态，一切将来，都心中有数，智慧者当如是。

其实，什么是看穿是非，说直白一点就是懂得跳出来，懂得放弃。平日里，我们的心像钟摆一样在得失间摇摆，懂得放弃是一种智慧。

庄子提出，人得了道就是真人，真人有真智慧。什么叫真人？"不逆寡"，即顺其自然，一切不贪求，摆脱常人贪多的通病。"不雄成"，走出自大的机械心理，得道的人不觉得自己了不起，一切的成功都是自然，看淡成败得失。

120

汉代司马相如所著《谏猎疏》有云："盖明者远见于未萌，而智者避危于无形。"意思是明理的人在事物还没有发生之前就预见到了事情的发生，聪明的人可以在危险出现之前就已经安排好了避免危险的方法。

得失都是一样，有得就有失，得就是失，失就是得，所以一个人的最高的境界应该是无得无失，但是人们通常都是患得患失，未得患得，既得患失。我们的心就像钟摆一样，得失、得失，就这样摆，非常痛苦。塞翁失马，你怎么晓得是福还是祸呢？所以，不要把得失看得太重。

中国有句古语说："苦海无边，回头是岸。"偏偏有人就执迷不悟，因此，烦恼都是自找的。

超然忘我，放下得失之心，不苦苦执着于自己的得与失、喜与悲，便不会活得那么累。有人说，人的一生之中只有三件事，一件是"自己的事"，一件是"别人的事"，一件是"老天爷的事"。

今天做什么，今天吃什么，开不开心，要不要助人，皆由自己决定；别人有了难题，他人故意刁难，对你的好心施以恶言，别人的事与自己无干；天气如何，狂风暴雨，山石崩塌，人能力所不能及的事，只能是"谋事在人，成事在天"，过于烦恼也是于事无补。人活得累，只是因为人总是忘了自己的事，爱管别人的事，担心老天爷的事。所以要想轻松自在很简单：打理好"自己的事"；不去管"别人的事"；不操心"老天爷的事"。

第七章

斗气不如斗志，给暴躁的脾气换条跑道

叫嚣抵不过低头实干

世界上没有不劳而获的事情，成功无一不是脚踏实地努力的结果。所以，与其总是将精力放在叫嚣上，不如脚踏实地，从最基本的做起。

1864 年 9 月 3 日，斯德哥尔摩市郊突然爆发出一声震耳欲聋的巨响，滚滚浓烟、火焰霎时冲上天空。当惊恐的人们赶到现场时，只见原来屹立在这里的一座工厂只剩下残垣断壁，火场旁边，站着一位 30 多岁的年轻人，突如其来的惨祸，使他面无血色，浑身不住地颤抖着……

青年眼睁睁地看着自己所创建的硝化甘油炸药实验工厂化为了灰烬。人们从瓦砾中找出了 5 具尸体，4 人是他的亲密助手，而另一个是他在大学读书的小弟弟。5 具烧得焦烂的尸体，惨不忍睹。青年的母亲得知小儿子惨死的噩耗，悲痛欲绝。年迈的父亲因受刺激而引发脑溢血，从此半身瘫痪。

事后，警察局立即封锁了爆炸现场，并严禁青年重建自己的工厂。人们像躲避瘟神一样避开他，再也没有人愿意出租土地让他进行如此危险的实验。但是，困境并没有使青年退缩，几天以后，人们发现在远离市区的马拉仑湖上出现了一艘巨大的平底驳船，驳船上并没有装什么货物，而是装满了各种设备，青年正全神贯注地进行实验。

他就是后来闻名于世的诺贝尔。一次又一次的失败之后，他终于发明了雷管。雷管的发明是爆炸学上的一项重大突破，随着当时许多欧洲国家工业化进程的加快，开矿山、修铁路、凿隧道、挖运河等都需要炸药。于是，人们又开始亲近诺贝尔。他把实验室从船上搬迁到斯德哥尔摩附近的温尔维特，正式建立了第一座硝化甘油工厂。接着，他又在德国的汉堡等地建立了炸药公司。一时间，诺贝尔的炸药成了抢手货。

做事低调踏实的人懂得成功需要辛勤的汗水来浇灌的道理，所以他们会用自己的勤奋去实现自己的目标。同样的人物还有俄国化学家门捷列夫。

很长一段时期，门捷列夫全身心地投入到化学元素的有关排列问题的研究中。一次，在紧张工作了3天3夜之后，他由于过度疲劳睡着了，竟在梦中见到了一张他日思夜想的元素周期表，通过这个梦，他成功地解决了困扰多时的元素排列问题。

后来，有记者采访他，要他讲述他是如何通过做梦而获得成功的。记者的提问，引起他的不满，他说："什么，你认为我的发现只是梦中几个小时的成果吗？你知道之前我付出了多少个日夜、多少心血进行研究吗？"

门捷列夫对待工作的态度说明成功不是偶然得来的，如果没有艰苦的努力，不管有怎样美妙的梦想、怎样美好的构思，都难以获得成功。

只有努力工作才是获得成功的捷径。看准了的事情，如果不论在什么情况下都能脚踏实地一步一个脚印地去实干，就有可能取得成功。

只有脚踏实地努力去做，才能够把事情做好。如果不愿意做最基础的事情，一心只想着一步登天，那样的人是无法获得成功的。

如果你想成就一番伟业，在确立远大的目标之后，静下心来，认认真真、脚踏实地开始你的行程吧！在通往成功的路上，我们不要梦想一步登天，如果基础不扎实，我们的成功就是海市蜃楼。

反击别人不如充实自己

当我们遭到冷遇时，不必沮丧，不必愤恨，唯有尽全力赢得成功，才是最好的反击。

有时候，白眼、冷遇、嘲讽会让弱者低头走开，但对强者而言，这也是另一种幸运和动力。所以美国人常开玩笑说，正是因为负面的刺激，才造就了杜鲁门总统。

在高中毕业班时，查理·罗斯是最受老师喜爱的学生之一。他的英文老师布朗小姐，年轻漂亮，富有吸引力，是校园里最受学生欢迎的老师之一。同学们都知道查理深得布朗小姐的青睐，他们在背后笑他说，查理将来若不成为一个人物，布朗小姐是不会原谅他的。

在毕业典礼上，当查理走上台去领取毕业证书时，受人爱戴的布朗小姐站起身来，当众吻了一下查理，给他出人意料的祝贺。当时，本以为会发生哄笑、骚动，结果却是一片静默和沮丧。

许多毕业生，尤其是男孩子们，对布朗小姐这样不怕难为情地公开表示自己的偏爱感到愤恨。不错，查理作为学生代表在毕业典礼上致告别词，也曾担任过学生年刊的主编，还曾是"老师的宝贝"，但这就足以使他获得如此之高的荣耀吗？典礼过后，有几个男生包围了布朗小姐，为首的一个质问她为什么如此明显地冷落别的学生。

"查理是靠自己的努力赢得了我特别的赏识，如果你们有出色的表现，我也会吻你们的。"布朗小姐微笑着说。男孩们得到了些安慰，查理却感到了更大的压力。他已经引起了别人的嫉妒，并成为少数学生攻击的目标，他决心毕业后一定要用自己的行动证明自己值得布朗小姐报之一吻。

毕业之后的几年内，他异常勤奋，先进入了报界，后来终于大有作为，被杜鲁门总统任命为白宫负责出版事务的首席秘书。

当然，查理被挑选担任这一职务也并非偶然。原来，在毕业典礼后带领男生包围布朗小姐，并告诉她自己感到受冷落的那个男孩子正是杜鲁门本人。

查理就职后的第一件事，就是接通布朗小姐的电话，向她转述美国总统的问话："您还记得我未曾获得的那个吻吗？

我现在所做的能够得到您的赏识吗？"

生活中，当我们遭到冷遇时，不必沮丧，不必愤恨，唯有尽全力赢得成功，才是最好的反击。当有人刺激了我们的自尊心，伤害到我们时，与其强烈地批驳别人，不如思考自己什么地方还需要完善。

有个喜欢与人争辩的学者，在研究过辩论术，听过无数场辩论，并关注它们的影响之后，得出了一个结论：世上只有一个方法能从争辩中得到最大的利益——那就是停止争辩。你最好避免争辩，就像避免战争或毒蛇那样。

这个结论告诉我们：反击别人不如充实自我。

争辩中的赢不是真赢，它带来的只是暂时的胜利和口头的快感，它会使他人不满，影响你与他人之间的关系，更重要的是，在争辩中失利的人不会发自内心地承认自己的失败，所以你的说服和辩论是徒劳无功的，无助于事情的解决。

有一种人，反应快，口才好，心思灵敏，在生活或工作中和别人有利益或意见的冲突时，往往能充分发挥辩才，把对方辩得哑口无言。

可是，我们为什么一定要与对方辩论到底以证明是他错了？这么做除了让我们得到一时的快意之外还有什么呢？这样能使他喜欢我们，或是能让我们签订合同吗？事实并非如此，要想拥有良好的人际关系，要想使自己在事业上游刃有余，在朋友中广受欢迎，在家庭中和睦相处，我们最好不要试图通过争辩去赢得口头上的胜利。

把别人的折磨当成前进的动力

孔子曰:"岁寒,然后知松柏之后凋也。"

你曾经被你的语文老师要求抄写生字 10 遍吗?你曾经被你的体育老师要求跑 1000 米吗?你曾经被你的上司训话吗?你曾经被你的顾客抢白而无言以对吗……生活中的折磨无处不在,那你是怨天尤人,忧虑度日,还是面对折磨,更加奋勇前进,这取决于你的选择。记住,你的选择会决定你的命运。

把折磨当成自己前进的动力,使自己经受折磨的雕琢,最终走向成功,才是你最明智的选择。

美国的一所大学进行了一个很有意思的实验。实验人员用很多铁圈将一个小南瓜整个箍住,以观察它逐渐长大时,能抵抗多大由铁圈给予它的压力。起初实验者估计南瓜最多能够承受 400 磅(约 181 千克)的压力。

在实验的第一个月,南瓜就承受了 400 磅的压力,实验到第二个月时,这个南瓜承受了 1000 磅(约 454 千克)的压力。当它承受到 2100 磅(约 1089 千克)的压力时,研究人员开始对铁圈进行加固,以免南瓜将铁圈撑开。

当研究结束时,整个南瓜承受了超过 4000 磅(约 1814 千克)的压力,到这时,瓜皮才因为巨大的反作用力产生破裂。

研究人员取下铁圈,费了很大的力气才打开南瓜。它已经无法食用,因为试图突破重重铁圈的压迫,南瓜中间充满了坚韧牢固的层层纤维。为了吸收充足的养分,以便于提供向外膨胀的力量，南瓜的根系总长甚至超过了 8 万英尺（约2438 千米），所有的根不断地往各个方向伸展，几乎穿透了整个实验田的每一寸土壤。

南瓜因为外界的压力而变得更加茁壮，人生也是如此。许多时候我们夸大了那些强加在我们身上的折磨的力量，其实生命还可以承受更大的压力，因为只要你想，你就能开发出更加惊人的潜能。

做你自己的伯乐

如果没有其他人来发现你，那你就自己发现自己吧！做自己的伯乐，你才能取得成功。

1972 年，新加坡旅游局给总理李光耀打了一份报告，大意是说："我们新加坡不像埃及有金字塔；不像中国有长城；不像日本有富士山；不像夏威夷有十几米高的海浪。我们除了一年四季直射的阳光，什么名胜古迹都没有。要发展旅游事业，实在是巧妇难为无米之炊。"

李光耀看过报告，非常气愤。

据说他在报告上批了这一行字。"你想让上帝给我们多少东西？阳光，阳光就够了！"

后来，新加坡利用那一年四季直射的阳光，种花植草，在很短的时间里，发展成为世界上著名的"花园城市"。连续多年旅游收入名列全亚洲第三位。

上帝给每个国家、每个地区的东西，确实都不是太多。

就拿我们身边知道的来说，它仅给杭州一个西湖，仅给曲阜一个孔子。就个人而言，它给每个人的东西同样也少之又少，它只给了牛顿一个苹果，并且还是掷过去的；它只给了迪斯尼一只老鼠，这只老鼠并且是在迪斯尼自己连一块面包都吃不上的时候到达的。

上帝的馈赠虽然少得可怜，但它是酵母。

只要你是位有心人，你会惊喜地发现上帝的馈赠是多么地丰厚。

聪明的江南人利用西湖把杭州变成了天堂；智慧的北方人则利用孔子的名声把曲阜变成了圣城。

一个天寒地冻的深夜，W. 翟莫西·盖尔卫，一位年轻的加利福尼亚人，正独自驱车穿过缅因州边远的森林地带。他的车轮突然打滑，车子撞进了路旁的雪堆。20分钟过去了，盖尔卫没有看到一辆车路经此地。看来待在车里等着是毫无指望了，他认为最好的出路是步行去求援。于是他身穿便服和一件运动衫，开始向来路跑去。稀薄而寒冷的空气，使他几分钟之后便气喘吁吁了，一阵疲乏感袭来，他觉得浑身麻木，接着是令人瘫软的恐惧，"我会死在这冰天雪地之中的！"他意识到。

这个念头如此可怕，盖尔卫的脚步不知不觉地停了下来。过了一会儿，由于他承认了现实，他的恐惧发生了短路。他对自己说："如果我真的要死了，光发愁也无济于事。"这时，他突然觉察到，周围的一切是那样美丽：寂静的夜、闪烁的星星，被雪景衬托得格外分明的树木。盖尔卫没有想到，自己竟然渐渐地恢复了体力，于是他一口气跑了40分钟，终于找到了一户友善的人家。

盖尔卫没有想到，他突然之间显示出的奇怪的内部能量，竟会成为他后来所从事的事业的基础，并由此创造了他所谓和失望恐惧赛跑的"内心竞赛"的理论。在他作为一名运动员和一位教师的多年实践之后，盖尔卫认识到，在那个严寒的夜晚使他得救的正是人类所共有的一种巨大的潜能，问题在于人们是否肯使用它。

还有一个故事是这样说的：

有一个探险家，他走进了非洲的荒野中。他随身带了一些不怎么值钱的小装饰品，打算送给当地的土著人。在这些东西当中，有两面真人大小的镜子。他把这两面镜子靠着两棵树放好，然后就坐下来和他的手下人谈论有关探险的情况。这时候探险家注意到有个土著人手里拿着长矛正在向镜子走过来，当他向镜子里望去的时候，他看见了自己的影子，于是开始向镜子里的对手刺去，好像它真的是个土著人一样，仿佛要杀了他。当然，土著人打碎了这面镜子。这时候，探险家向这个土著人走去，问他为什么要打碎镜子。这个土著人回答说："他要杀我，我就先杀了他。"探险家向土著人解释说，镜子不是用来干这个的，并领他走到第二面镜子那边去。他对土著人解释说："看，镜子是这样一个东西——通过它，你可以看到你的头发有没有梳直，你脸上的油彩涂得是否合适，你的胸部多么健壮，你的肌肉多么发达。"土著人回答说："噢，我不知道。"

成千上万的人都这样，他们的情形和这个土著人差不多。他们穷其一生和生活作战。在生命的每个转折点上，他们都以为会有一场战斗，而情况最终也确实是这样。他们预计会有敌人，而他们确实遇到了敌人。他们预计困难会接踵而至，而事情也恰好就是这样。"如果事情不是这样，那么它就是那样……总会发生点儿什么。"对于成千上万的没有能够认识到这种巨大的力量的人来说，事情过去是这样，将来也还会是这样。成千上万的人继续过着平淡、普通、痛苦的生活，因为这种巨大的力量从他们身边悄悄溜走了，他们就再也抓不住它了。生活中的你绝对不要像土著人那样，穷其一生都不能发现自己的力量。发现你自己、做自己的伯乐，你就能走向成功。

在行动中激发自己的潜能

生活中的你是否还在为命运不济而哀叹呢？如果是，那还是赶紧收起这些怨天尤人的论调吧！行动起来，在行动中激发自己的潜能，说不定你就能创造奇迹。

在美国颇负盛名、人称传奇教练的伍登，在全美12年的篮球年赛当中，帮助加州大学洛杉矶分校赢得10次全美总冠军。如此辉煌的成绩，使伍登成为大家公认的有史以来最成功的篮球教练之一。

曾经有记者问他："伍登教练，请问你如何保持这种积极的心态？"

伍登很愉快地回答："每天我在睡觉以前，都会提起精神告诉自己：我今天的表现非常好，而且明天的表现会更好。"

"就只有这么简短的一句话吗？"记者有些不敢相信。

伍登坚定地回答："简短的一句话？这句话我可是坚持了20年！重点和简短与否没关系，关键是在于你有没有持续去做，如果无法持之以恒，就算是长篇大论也没有帮助。"

伍登的积极心态超乎常人，不单只是对篮球的执着，对于其他的生活细节也是保持这种精神。例如有一次他与朋友开车到市中心，面对拥挤的车流，朋友感到不满，继而频频抱怨，但伍登却欣喜地说："这里真是个热闹的城市。"

朋友好奇地问："为什么你的想法总是异于常人？"

伍登回答说："一点儿都不奇怪，我是用心里所想的事情来看待，不管是悲是喜，我的生活中永远都充满机会，这些机会的出现不会因为我的悲或喜而改变，只要不断地让自己保持积极的心态，一刻也不停地去行动，我就可以把握机会，激发更多的潜在力量。"

其实每个人都有伍登那样的潜力，但是大部分人都不能像伍登那样，时刻保持积极的心态去努力。如果每个人都能像伍登一样，那他也一定会是一个有才华的人，并且在行动中不断进步，创造奇迹的可能就会时刻存在。

远离虚荣才能接近对手

对手是你的"敌人"，但从另一个方面来说，对手也是对你的成功帮助最大的人。你只有抛弃虚荣心理，才能跟你的对手走到一起。

商场上有句俗话这样说："同行是冤家。"不错，你的同行的确就是你的竞争对手。在抢占市场时，你们的确是冤家。但是，不可否认的是，如果没有竞争对手，只有个人垄断，那将会导致不思发展的后果。有时候，要想使自己变得更强更好，你必须要善待自己的对手。

那你要怎样接近自己的对手呢？这就要求你抛弃虚荣心理，主动和对方接触，你才能接近对手，并了解对手，学习对手，最终达到双赢的效果。

有个名叫西拉斯的人，在一个小镇上开一家杂货铺。这铺子是他爸爸传下来的，他爸爸是从他爷爷手里接过来的，他爷爷开这铺子的时候南北两边还正在打仗。

西拉斯买卖公道，信誉很好。他的铺子对镇上的人来说就像手足，不可缺少。西拉斯的儿子在长大，小铺子就要有新接班人了。

可是有一天，一个外乡人笑嘻嘻地来拜访西拉斯，情况便变得严重了！此人说，他想买下这铺子，请西拉斯自己出价。

西拉斯怎么舍得？即便出双倍价格他也不能卖！这铺子可不仅仅是铺子，这是事业，是遗产，是信誉！

外乡人耸耸肩，笑嘻嘻地说："抱歉，我已选定街对面那幢空房子，粉刷一番，弄得富丽堂皇，再进些上好货品，卖得更便宜，那时你就没生意了！"

西拉斯眼见对面空房贴出了翻新布告，一些木匠在里面锯呀刨呀，有一些漆匠爬上爬下，他的心都碎了！他无可奈何却又不无骄傲地在自家店门上贴了张告白："敝号系老店，1865 年前开张。"

对面也换了一张告白："敝号系新店，下礼拜开张。"

人们对比着读了，无不心中暗笑。

新店开业前一天，西拉斯坐在他那间阴暗的店堂里想心事，他真想把对手臭骂一顿，幸亏西拉斯有个好妻子。

"西拉斯，"她用低低的声音缓缓地说，"你巴不得把对面那房子放火烧了，是不是？"

"是巴不得！"西拉斯简直在咬牙切齿，"烧了有什么不好？"

"烧也没用，人家保险过。再说，这样想也缺德。"

"那你说我该怎么想？"西拉斯冒着火。

"你该去祝愿。"

"祝愿天火来烧？"

"你总说自己是个厚道人，西拉斯，你一碰到切身事就糊涂。你该怎么做不是很清楚吗？你应该祝愿新店开业成功。"

"你是脑筋出问题了吧，贝蒂。"

说是这么说，西拉斯最后决定去一次。

第二天早晨新店还没开门，全镇人已等在外边。大家看着正门上方赫然写着"新新百货店"几个金字，都想进去一睹为快。

西拉斯也在人群中，他快快活活跨到台阶上大声说："外乡老弟，恭喜开业，谢谢你给全镇人带来方便！"

他刚说完便吃了一惊，因为全镇人都围上来朝他欢呼，还把他举起来。大家跟他进店参观。谁都关心标价，谁都觉得很公道。那外乡老板笑嘻嘻地牵着西拉斯的手，两个生意人像老朋友。

后来，两家生意都做得兴隆，因为小镇一年年变大了。

故事给我们一个很好的启示：

一个能容忍对手发展的人，不但是一个胸襟宽广的人，还是一个具有远见的人。让竞争对手时刻在背后激励自己、鞭策自己，使自己不能有片刻懈怠，努力向前发展，实现双赢目的，实在是再好不过。

在压力中奋起

不在压力中奋起，便在压力中灭亡。要想在人生的道路上走得更远，你必须选择前者。

毕业之后面临着就业压力，就业之后面临工作压力，其他还有诸如生活压力、竞争压力、恋爱压力，等等，如果你没有在压力面前奋起的勇气，那你只能在重重压力中陷入虚无。

比如某知名歌星，很多人痴迷他的歌，喜欢他的电影，羡慕他的辉煌，可有几个人知道他艰辛的奋斗历程呢？不要自卑，也不要害怕挫折，这是他的成功秘诀。

他的第一份工作是在政府贸易处当助理文员，工作十分乏味。不肯安于现状的性格使他不久跳槽到了一家航空公司，但工资比第一份还少。当时他也没有想过有一天会成为明星，踏入娱乐圈是偶然的，成功也来得太快，这使得他沉溺在成功带来的满足感和优越感之中，只知道尽情玩乐，逐渐变得放纵、狂傲、骄横，得罪了许多人。结果他的唱片销量直线下降，第一张、第二张唱片都可以卖 20 万元，第三张只卖了 10 万元，接着是 8 万元、2 万元。他走在街上，原来是欢呼，现在成了粗言秽语；站在舞台上，原来是鲜花热吻，现在是阵阵嘘声。起初他接受不了这残酷的事实，没有去分析原因，而是去一味逃避：酗酒、骂人、闹事。家人和朋友不断地劝慰他，但他一概不听，而且他还想过自杀！

沮丧的日子持续了两三年，后来他开始自省，意欲东山再起，这是由他骨子里不肯服输、敢于一拼的性格所决定的。如果天生懦弱，自杀恐怕是他最终的抉择。他很了解娱乐圈"一沉百人踩"的事实，知道要东山再起所面对的艰辛，但他决意一拼！他后来总结经验说："当你决定要面对挫折和困难时，原来并不是没有出路的！"他努力唱出自己的风格，努力拍戏，努力去研究失败的原因，努力学习处世方法，努力应对各种刁难和挫折……全力以赴，付出了不为圈外人所知的艰辛，辉煌逐渐又回到了他的身边。

他说，没有人可以避免压力和挫折，重要的是要有豁达、乐观、坚毅、忍耐的性格，要搞清楚自己的位置和方向，才能走过失败，重新振作。他说自己希望做一只蜗牛，蜗牛永远不会理会别人的催促，无视外来的压力，只是依着自己的步伐和所选择的方向，勇往直前，这必能成功。

压力和挫折时刻都会存在，有人说，人没有了压力生活就会没有了方向，就像没有了风，帆船不会前进一样。但你一定不能在压力中不思进取，否则你将被压力淹没。

找一个竞争对手"叮"自己

如果你想尽快走上成功的道路，那你就必须找一个竞争对手"叮"自己。那样，你的速度才会更快，潜能才会更有效地发挥。

生活并不如意，你也没有什么前进的动力，如果一直这样下去，你的人生就会就此止息，没有什么指望了。

因此，面临这种情况，不妨找一个竞争对手，把他放在背后"叮"紧自己，不断前行。

在北方某大城市里，诸多电器经销商经过明争暗斗的激烈市场较量，在彼此付出了很大的代价后，有张、李两大商家脱颖而出，他们又成为最强硬的竞争对手。

这一年，张为了增强市场竞争力，采取了极度扩张的经营策略，大量地收购、兼并各类小企业，并在各市县发展连锁店，但由于实际操作中有所失误，造成信贷资金比例过大，经营包袱过重，其市场销售业绩反倒直线下降。

这时，许多业内外人士纷纷提醒李——这是主动出击、一举彻底击败对手张，进而独占该市电器市场的最好商机。

李却微微一笑，始终不曾采纳众人提出的建议。

在张最危难的时机，李却出人意料地主动伸出援手，拆借资金帮助张涉险过关。最终，张的经营状况日趋好转，并一直给李的经营施加着压力，迫使李时刻面对着这一强有力的竞争对手。

有很多人曾嘲笑李的心慈手软，说他是养虎为患。可李却没有丝毫后悔之意，只是殚精竭虑，四处招纳人才，并以多种方式调动手下的人拼搏进取，一刻也不敢懈怠。

就这样，李和张在激烈的市场竞争中，既是朋友又是对手，彼此绞尽脑汁地较量，双方各有损失，但各自的收获却都很大。多年后，李和张都成了当地赫赫有名的商业巨子。

面对事业如日中天的李，当记者提及他当年的"非常之举"时，李一脸的平淡：击倒一个对手有时候很简单，但没有对手的竞争又是乏味的。企业能够发展壮大，应该感谢对手时时施加的压力。正是这些压力，化为想方设法战胜困难的动力，进而在残酷的市场竞争中，始终保持着一种危机感。

其实，对于商界这一法则，动物界也给我们提供了例证。

一位动物学家在考察生活于非洲奥兰治河两岸的动物时，注意到河东岸和河西岸的羚羊大不一样，前者繁殖能力比后者更强，而且奔跑的速度每分钟要快13米。

他感到十分奇怪，既然环境和食物都相同，何以差别如此之大？为了能解开其中之谜，动物学家和当地动物保护协会进行了一项实验：在两岸分别捉了 10 只羚羊送到对岸生活。结果送到西岸的羚羊发展到 14 只，而送到东岸的羚羊只剩下了 3 只，另外 7 只被狼吃掉了。

　　谜底终于被揭开，原来东岸的羚羊之所以身体强健，只因为它们附近居住着一个狼群，这使羚羊天天处在一个"竞争氛围"中。为了生存下去，它们变得越来越有"战斗力"。而西岸的羚羊长得弱不禁风，恰恰就是缺少天敌，没有生存压力的原因。

没有压力，人的潜能就会逐步退却，人的动力慢慢消退，生命的机能不断萎缩。最终，人的事业消沉，生活散漫，人生越来越暗淡。

　　只有注入强有力的压力，在压力中多多用心、努力将压力转化为动力，才有可能使生命越来越有活力，激发出更多的人生潜能，最终取得事业的成功。

第八章

抛下负面情绪，遇见尘世中最健康的自己

给郁闷一个自然出口

郁闷是不良情绪积压造成的，不仅伤心，而且伤身，我们应该给郁闷一个自然的出口。

郁闷不是件好事情，它会搅乱我们的生活，损害我们的健康。当你郁闷时，请千万不要闷着忍受，要给郁闷一个自然的出口，让其如洪水一样泄去。

要让郁闷自然排解，我们就要学会跟着自己的感觉走。跟着自己的感觉走，就是该笑的时候笑，该哭的时候哭，该发泄时就发泄。科学研究证明：适当发泄对身体有好处。所以，在心情不好的时候，你可以尽情地发泄出来，发泄之后你会好受得多，而且有利于身体健康。

在生活中，不会发泄的人总是会有麻烦。比如，某个人的家人和朋友都知道他是易怒的人，因此他们都尽量不惹火他。万一他有什么不顺心，大家便有意无意地避开他。在他供职的公司，他一般还是会忍耐一些，不过，如果那些他本身就很讨厌的人惹到他，那他绝不会善罢甘休。他很可能非常生气地骂几句莫名其妙的话，但也可能把矛头指向对方，连讥讽带谩骂。这种情况下，要是对方是个耐性稍差的人，他们就只好硬碰硬相互指责、争吵，甚至干脆用拳头解决问题。

那么问题在哪里呢？其实，问题就在于他无法控制自己的情

144

绪。于是，同事们都害怕接近他，甚至连上司都不愿招惹他。情况严重时，他还可能因打人而被告到法庭上，而且可能经常受伤，却没人同情。在这种情况下，他其实应该好好考虑适当发泄一下他的情绪了。

无论碰到什么问题，首先要做的是先理智地分析一下情况，心平气和地把意见不和的地方摆出来同大家讨论。那种既伤人又伤己的发泄无助于解决分歧，反而会遗留下许多令人头痛的难题，所以应尽量避免。如果是在公司遇到的问题，可以向理解你、愿意听你倾诉的人寻求帮助，让他们为你拿主意。与同事产生了矛盾和摩擦，可以找第三者来调停。这样更容易让你察觉并改正自己个性上的弱点，以后就不会再出现这些问题了。

给郁闷一个自然出口，就是要学会适当发泄。适当发泄应取决于你的具体情况。比如，你是个很冲动的人，那就不妨在家里悬挂一个沙包，以方便自己的发泄。适当发泄的目的在于让郁闷自然地排解，所以我们首先要明确发泄是否有利于达到目的，然后判断发泄是不是达到目的的最好方法，最后还要决定采取什么样的应对方式，这样才能恰到好处地让自己的情绪得以发泄，又不至于让这种不佳情绪因过度表现而影响了人际关系。

千万不要堆积情绪

你常有这样的感受吗？只要遇到一件倒霉事，一系列的倒霉事都会接踵而至。你一整天的心情都被搞得乱七八糟。而管理情绪的诀窍在于不要让坏情绪堆积起来。

我们先来看看看雷纳德一天的遭遇:

早晨:下着小雨。雷纳德最讨厌下雨了,刚上了油的皮鞋会沾水,裤腿也会带上泥。穿西裤吧,刚买的名牌,舍不得在雨中穿;穿休闲裤吧,白色的裤子很快就会变脏。像这种毛毛雨又懒得打伞,坐出租车都要排队。接女朋友也不方便,要是晚去一会儿,塞丽娜就会气得噘着嘴巴跑掉了,然后几天不理他。雷纳德躲在被窝里烦躁了一会儿,一看表,上班快迟到了,雷纳德一阵心慌。

上班途中:公车站牌下雨伞林立,伞下一张张脸翘首以待。雷纳德看看自己的名牌西服,决定坐出租车。好不容易一辆空车过来,立刻有人蜂拥而上,根本就挤不上去。如此三番,雷纳德还没坐上,心里只恨自己没有车。终于等到机会,找到一辆车,但上车刚一落座,一股凉意沁入屁股,扭身一看:"天哪,你这车上怎么有水啊!"

司机回头说:"下雨天能不有水吗?"

"那也不能有这么多啊!"

"噢,可能是刚才的乘客把伞放在车座上了吧。"

雷纳德憋了一肚子火,没好气地说:"早知道还不如坐公车,白白糟蹋了我的新西裤。"

"要怪只能怪这鬼天气。"

"坐你的车就怪你!"雷纳德拿纸巾去蘸屁股上的水,湿漉漉的纸巾立刻粉身碎骨,雷纳德甩着手,碎纸屑却粘着手不肯掉。他嘴里嘟囔着:"真倒霉!"

司机回他说："别人放在车座上，我哪看得见！"……

就这样，雷纳德和司机打了一路的嘴巴官司，窝了一肚子火，车一到站赶紧买单下车。走到办公室才发现，司机竟没找零！坐了一屁股水，还白送司机10块钱。雷纳德气得不行！

办公室：刚进办公室，同事就通知雷纳德，策划方案没通过，退回修改。那份策划可是雷纳德熬夜后的心血，全企划室也只有雷纳德能拿得出这种像样的方案来，再修改，说得轻巧！坚决不改！雷纳德心里又委屈又气愤，决定搁到一边等经理来找他。可是等了一天，经理也没来。

下班：雨依然淅淅沥沥，天依然阴着，雷纳德依然打不起精神来。突然间，他想起下午忘了给塞丽娜打电话，他们约好了下午打电话决定晚上到哪里吃饭的。一看表，糟了，6点了，雷纳德赶紧打电话过去，但办公室没人听，估计塞丽娜早下班了。打她手机，半天才接，手机里传来塞丽娜尖利的声音："你怎么回事啊！现在才睡醒吗？我已经跟别人约了！"啪的一声，塞丽娜就挂了电话。都怪这鬼天气！雷纳德半天没回过神来。

瞧，坏情绪就是这样堆积起来的。当我们遇到一件倒霉事，坏心情就开始进入我们的内心，如果没有及时地解决，又带着坏心情去处理其他的事情，自然会起连锁反应。心理学家研究表明，当一个人处于坏情绪之中时，下丘脑就会分泌出一种叫"多巴胺"的物质，这位"多先生"会让你的情绪越来越糟糕；而当一个人高兴的时候，下丘脑就会分泌出一种叫"去甲肾上腺素"

的物质，而这位"去先生"会让你的心情越来越舒畅。

所以，心理学家建议：当坏情绪刚刚冒头时，就立刻把它消灭掉，千万不要让坏情绪堆积起来，不要让你的心情在"多先生"的感染中越来越糟。这样的处理方法就好像一路走一路丢掉身上的包袱，你会越走越轻松。

现在，让我们全面解析雷纳德的情绪，运用心理学家简易的方法帮他逐个丢掉身上的包袱。你会发现，是要"多先生"还是要"去先生"，关键看自己的选择。

早晨：谁说阴雨天会带来坏心情？雷纳德已经有了一个思维定式：一下雨就会有坏心情。按照这样的路线走下去，心情能好得起来么？这种行为在心理学上叫"自我暗示"。雷纳德不断地暗示自己，只要下雨，自己就会倒霉。好像失眠的人总说自己会失眠一样，所以总是失眠。雷纳德可以去做一个调查：还有很多人特别喜欢下雨呢！下雨，可以听着雨打玻璃的声音安然入睡；下雨可以滤掉马路上的灰尘、噪音，让空气清新起来；下雨，可以给女朋友送伞讨好她，还可以和她共撑一把伞，在雨中漫步，然后趁机搂住她的肩……所以，换个角度看问题，阴雨天也会有晴朗的心情。

上班途中：不就是坐了一屁股水吗，庆幸的是没坐一个烟头、一摊油。要有同事问你屁股上是什么东西，你正好幽他一默："我返老还童了。"倘若是女同事，还指不定怎么乐呢？能博红颜一笑，不亦乐乎？

办公室：别人都做不出来的策划案，唯独你能做出来，这不正好证明你比别人强？重要的方案不可能一次通过，退

148

回来修改很正常，再说又不是让你重新做一份。积极的做法是，站起来，主动去敲经理的门，问问清楚，究竟是哪些地方欠缺，怎样修改。主动和上司沟通，会让你心情舒畅、信心十足。

　　下班：整个一天的坏情绪已经——被化解了，那就不会忘记和女朋友的约会；即使忘记了也不要紧，打一个电话过去，潇洒地告诉她："我马上过去埋单！"不把她乐死才怪！

所以，只要按这种逐个击破的方法，那么我们的坏情绪并非是不可化解的。这种方法的关键在于你要在坏情绪刚出现苗头时就将它们扼杀在摇篮里，不要等它们暗暗堆积起来，最后形成一股巨大的力量一起向你攻来，到时，即便你想反抗，也为之晚也！

脾气可以被转移

发脾气大多是不必要的，这就给了你转移脾气的可能性。

　　古时候，人们都利用脚力极佳的骡子来驮运笨重的货物。骡子的体力虽然很好，但却有一个令人烦恼的缺点，那就是骡子的脾气非常不好。

　　如果一头骡子使了性子，它的四只脚便会像上了钉子一样，固定在地面，一动也不动；无论主人怎样使劲鞭打，骡子就是不动，一步也不会向前走。

一天，一位老和尚和小和尚在运东西的途中就遇到了这样的情况。小和尚面对着不肯迈步的骡子，又急又气，于是就举起了鞭子准备打它。

老和尚赶忙制止了他："慢！慢！每当骡子闹脾气时，有经验的主人不会拿鞭子打它，那样只会让情况更加严重。"

小和尚忙问："那该怎么办呢？"

老和尚指指脑袋说："你可以运用智慧。"说着，老和尚很快地从地上抓起一把泥土，塞进骡子的嘴巴里。

小和尚好奇地问："难道骡子吃了泥土就会乖乖地继续往前走了？"

老和尚摇头道："当然不是，骡子不吃土，它会很快地去吐嘴里的泥沙，此时，主人只要驱赶它一下，它就会往前走了。"

小和尚诧异地问："怎么会这样呢？"

老和尚微笑着解释道："原因很简单，只要骡子忙着处理口中的泥土，便会忘了自己刚刚生气的原因。这种塞泥土的做法就是一种转移法。这个方法不仅在骡子身上有效，同样在人发脾气的时候也有效。"

是啊，我们人有时候会像故事中的骡子一样不时地发些莫名其妙的脾气。我们发了脾气后自己痛快了，但却往往伤害了别人，然后自己又因这种伤害而感到内疚，所以发脾气只会造成对自己和他人的伤害。要避免这种伤害，就要及时地"转移脾气"。

转移脾气有很多方法，比如上面的故事中老和尚采用的转移注意力的方法，除此之外，你还可以将脾气转移到小事上去。

美国名人之一毕林斯先生，曾任全美煤气公司总经理达30年之久。他在任总经理期间，给人留下最深刻的印象就是他对于许多小事常常会大发脾气，对于那些重大事情却反而镇静异常。

　　有一次，他乘车回家，下车时，把一盒雪茄遗落在车里了，不久他记起来，于是立刻返身去找，但雪茄早已不见了。这包雪茄的价值，不过是5美分，对他而言真可算是微乎其微的损失。但他竟因此而气得面红耳赤、暴跳如雷，以致旁观者都以为他失去的是一件什么价值珍贵的宝物。

　　在全世界闹经济恐慌的那段时期，毕林斯先生有好几天因为卧病在床没有去公司办公。就在这几天里，有一家银行倒闭了，他凑巧在这家银行里有几万美元的存款，结果竟然成了"呆账"。等到他病愈后，听到这个消息，却只伸手搔了搔头发，然后沉思了一会儿，便说："算了，算了。"这次的损失可以说是上次掉盒雪茄的10万倍，但毕林斯却反而镇定得若无其事，这全靠他平时就将脾气发泄到了小事上，所以遇大事时就能更冷静。

　　实际上，遇到一些感觉不快的小事时，你可以适当地发脾气，使你的心境恢复平静。因为这样可以使你永远保持开朗镇定的情绪，使你一旦遇到大事，就可以集中精神从容地应付。否则，不论事情大小，遇到怒气便积在心里，等到面临更大的打击时，你堆积了很久的怒气便会如气球一样爆裂，这种爆裂将会冲破理智约束，使你变得毫无自制能力。

　　除了将脾气转移到小事上，你当然还可以将脾气转移到其他方面，有时甚至可以转化成好心情。

温德尔密太太正在教她5岁的儿子奥斯卡使用剪草机，母子俩剪得正高兴时，家里的电话铃响了，母亲进去接电话。不一会儿，温德尔密太太出来后看到一幕惨剧：奥斯卡把剪草机推向她最心爱的郁金香花园，不一会儿，已经有两米长的花圃被剪掉了。

温德尔密太太看到这一切，青了脸。眼看她的巴掌已经高高地举起……忽然，温德尔密太太的丈夫沃尔德出来了，他看见满地狼藉的花圃，马上明白发生了什么事。沃尔德小声、温柔地对太太笑道："亲爱的，我们现在最大的幸福是养孩子，不是在养郁金香，你说对吗？"两秒钟后，他们交换了一个微笑，看着活泼的儿子，心里感觉很幸福。

事实上，转移怒火只是轻而易举的事，可以轻轻松松地做到，只要你有这样的积极态度，再加上你对生活的细心体验，你就不难发现转移怒火的方法，并将它轻松地付诸实践。

告别不良情绪

现实生活中，我们常常会遇到一些引起不良情绪的事情，比如：当你几经奔波，终于找到了一份工作，可以放手大干充分施展你的聪明才智的时候，却突然发现，你的工资比别人少了一些；当你领导的一项改革计划被社会实践证明是有益的，而且正在节节推进的时候，却突然听到人群里有几声闲言碎语；当你和你的爱人携手建起了美好家园，甜甜蜜蜜共度人生的时候，你们之间发生了一点小小的龃龉。这些情况都会让你心情大糟。

除了影响你的心情以外，不良情绪还会导致人们产生某种身心疾病，如高血压、糖尿病、冠心病、消化性溃疡、过敏性结肠炎、癌症等。对已患了某种疾病的人会进一步加剧生理功能紊乱，降低对疾病的抵抗力，加速原有疾病的进一步恶化。

西汉时的政论家和思想家贾谊，18岁时以诵诗属文而闻名，后为河南太守吴公招到门下。文帝即位之初，听说吴公曾经师事李斯，号称治政天下第一，遂征为廷尉。吴廷尉上书推荐贾谊，言贾生年少，颇通诸子百家之书，故文帝召贾谊为博士。当时贾生年方二十余，每次参议诏令，众人尚未能言，贾谊即尽为之对答，诸生以为不能及，于是一日间连升三级，超迁为太中大夫。

文帝对贾谊颇为赏识，拟任其为公卿，但遭到周勃、灌婴等重臣反对，诬其"年少初学，专欲擅权，纷乱诸事"，故天子与其疏远，不用其议，遂贬为长沙王太傅。

长沙在古时属于"卑湿远地"，贾谊忧汉室而贬天涯，过湘水时作赋以吊屈原，借"彼寻常之污渎兮，岂能容吞舟之鱼"感怀意不自得，他心中盘结着满腹忧郁苦闷，心情激荡不安，流露出远走退隐的想法，再后来更是自伤不幸而哭泣不止，最后中年夭折，时年33岁。

贾谊英年早逝，其实就是因不良情绪郁积在胸，一直没有得到发泄，结果诱发疾病，然后病情又因为情绪低落而不断加重造成的。

一个人早上心情好的时候，会爱他的妻子、他的工作和他的车子。他对前途可能感到乐观，对过去也心存感激。可是，到了下午，如果心情不佳，他就会说他痛恨自己的工作，讨厌自己的太太，觉得他的车子是垃圾，而且相信他的事业没有前途。

所以说，除了影响你的身体健康外，不良情绪还会影响你的事业。你可以设想，当你情绪不良，心理灰暗时，你就不会有与人交往的欲望和兴趣，很容易自我封闭，性情孤僻。但实际上，你不可能不与别人接触和相处，那么不良情绪会使你的言谈、神态、举止不对头，有意无意地给别人以不良的信息刺激。这怎么不影响你的事业成功呢？

不良情绪还会破坏人生效率。人们常说，祸不单行，福无双至，这主要也是不良情绪在作祟。各种不如意的事情，如丢失财物、环境变化、亲友别离、家庭不和、工作挫折等等，都会打破当事人原先的心理平衡，使人处于悲观、消沉、烦恼、抑郁的心理状态。人在这种不良心态下生活与工作，便会心不在焉，注意力分散，引发又一次"倒霉事件"。

所以，祸不单行，并非是命运和你作对，主要是因为你情绪不良、心理失衡造成的。我们每个人总是生活在矛盾的世界中，心理平衡时常有被打破的可能，一旦平衡被打破，就有可能连续出错。这样一来，我们怎么能正常有效地生活、工作呢？

所以说，不良情绪不容我们小觑，如果对不良情绪不加以及时调节疏导与释放，就会影响工作、学习和正常生活，继而导致身心疾病，危及健康。那么，怎样来排解生活中遇到的不良情绪呢？以下便给你介绍几个小方法。

1. 写日记

写下哭和笑、爱和恨，写完后会有痛快淋漓的感觉。也可以写信给较好的朋友，把烦恼写在纸上，写完后也能使人感到心情畅快，即使信不寄出，烦恼也好似随信抛在脑后了。

2. 高歌释放

音乐对治疗心理疾病具有特殊的作用，而音乐疗法主要是通过听不同的乐曲把人们从不同的病理情绪中解脱出来。殊不知，除了听以外，自己唱也能起同样的作用。尤其高声歌唱，是排除紧张、激动情绪的有效手段。当我们的不满情绪积压在心中时，不妨自己唱唱歌，歌的旋律、词的激励，唱歌时有节律的呼吸与运动，都可以缓解不良情绪。

3. 学会倾诉

人们有了烦恼总希望对信得过又能给自己安慰的人诉说，这样的确可以起到调节心理和情绪的作用。当心中不快时，可以邀朋友们聚一聚，一壶清茶，一杯咖啡，就事论事倾诉一番，把自己郁积的消极情绪倾吐出来，以便得到别人的同情、开导和安慰。

4. 以静制动

当人的心情不好，产生不良情绪时，内心都会十分激动、烦躁、坐立不安，此时，我们可以默默地侍花弄草，观赏鸟语花香，或挥毫书画，垂钓河边，这种看似与排除不良情绪无关的行为恰是一种以静制动的独特宣泄方式，它能以清静雅致的态度平息心头怒气，从而排除沉重的压抑。

其实，宣泄不良情绪的方法还有很多，从小小的一声叹气，到大笑、疾呼、怒吼以及打球、散步、购物等都可以起到宣泄作用。人与人因个体差异和所处环境、条件的差异，采用宣泄的方式也不同，所以我们要选择适合自己的宣泄方式。

把你心中的郁闷说出来

当你感到郁闷焦躁的时候，你的内心一定犹如翻江倒海一样的不安。我们都会碰到这样不安的情绪，它不仅会影响我们的心情，还会影响到我们的生活。面对这种境地，你会选择怎样的方式来化解这种坏情绪呢？

张明山是一个中学老师，前几天他遇到了一件奇特而又有点可笑的事：

那天晚上，他已经快睡着了，突然接到一个陌生妇女打来的电话，对方的第一句话就是"我恨透他了！""他是谁？"张明山奇怪地问。"他是我的丈夫！"张明山想，噢，她是打错电话了，就礼貌地告诉她："你打错电话了。"

然而，这个女人好像没听见似的，继续说个不停："我一天到晚照顾孩子和生病的老人，他还以为我在家里享福。

有时候，我想出去散散心，他都不让，而他自己天天晚上出去，说是有应酬，谁会相信……"

尽管这中间张明山一再打断她的话，告诉她，他并不认识她，可她还是坚持把话说完了。最后，她对张明山说："您当然不认识我，可是这些话已被我压了很久，现在我终于说出来了，舒服多了。谢谢您，打扰您了。"

这个事情似乎比较可笑，其实也有辛酸的一面。这个女人因为积压了过多的焦虑，已经到了非发泄不可的程度。为了自己心理的健康，她只好急不择人，随便找人发泄一气了。还好，张明山的倾听让她暂时得到了情绪的缓解。

这个女人是让人同情的，如果她不及时发泄，也许会出现精神错乱，甚至更可怕的恶果。每个人的一生都会产生数不清的意愿、情绪，但最终能实现、能满足的却并不多。一旦这样的情绪和意愿被压制，就会产生一种心理上的能量，这种能量只有通过其他的途径才能释放出来，它自身不会丝毫地减少，这就好像物理学中的"能量守恒定律"，即使你在压抑、克制阶段意识不到它的存在，也只说明它从"显意识层"转移到了"潜意识层"，对你的影响仍然存在，而且一直在找机会真正发泄出去。

老王在某单位的一个部门任副职，与正职的关系处理得很不好，工作起来不愉快，想换其他部门又不可能，是继续与正职对抗还是妥协？或寻求和解？老王觉得自己根本找不到办法，就开始逃避。

由于有了这种逃避心理，老王对工作也有了畏缩心理。

平时遇到需要他处理的事情，他一般都会采取不表态、不提建议的方式，进行消极对抗。而且，从前烟酒不沾的他开始喝酒，业务上也开始不求上进，喜欢回家看电视。因为不知如何应付与上司的人际关系，老王长期失眠，情绪焦虑，胃口不好，常在家中发脾气，甚至迁怒于妻儿。对此，他非常苦恼。

其实，老王之所以这样苦恼，是因为他没有给自己的坏情绪找对发泄的渠道。压制自己的坏情绪，并不见得是件好事，就像是吹气球，不停地吹，它终究会爆掉。情绪也是如此，不停地给它施压，它就会爆发。

找对你的出气筒

宣泄情绪需要找到你的正确方式，不要盲目地宣泄你的不良情绪，因为很多时候，采取的方式不当，不仅伤人还会伤己。

任何事情都不像你想象的那样，那么值得耿耿于怀，让你生气和懊恼的不过是你自己罢了。不为小事烦恼，才有充沛的精力去做更多有意义的事。面对自己始料不及的情况时，很多人往往会失去理智并迁怒于人，但这样只会把事情弄得更糟。如果我们把生气的时间花在解决问题上，那么事情就会变得顺利多了。

林肯说过这样一句话："无论你怎样表示愤怒，都不要做出任何无法挽回的事情来。"

　　有一天，陆军部长斯坦顿怒气冲冲地来到林肯面前，抱怨一位少校公开指责他偏袒下属。林肯建议史坦顿立即写一封信回敬那位少校。

　　"可以狠狠地骂他一顿。"林肯说。

　　史坦顿立刻写了一封措辞激烈的信，然后拿给总统看。

　　"对了，对了。"林肯高声叫好，"要的就是这个！好好地教训他一顿，真写绝了，斯坦顿。"但是当史坦顿把信叠好装进信封里时，林肯却叫住他，问道："你要干什么？"

　　"寄出去呀。"史坦顿有些摸不着头脑了。

　　"不要胡闹。"林肯大声说，"这封信不能发，快把它扔到炉子里。凡是生气时写的信，我都是这么处理的。这封信写得好，写的时候你已经解了气，现在感觉好多了吧，那么就请你把它烧掉，再写第二封信吧。"

　　和别人生气的时候，要注意控制自己的情绪，既不要把自己的愤怒压抑在心底，也不要将愤怒向别人发泄，而是找出一个缓解愤怒情绪的合理步骤。让自己的情绪缓一缓，等自己的内心平静了再做决定。

　　许多心情不快的人使自己陷于一种含有敌意的沉默中。其实，如果你能把这种不快表达出来，你就会感到某种轻松和真正的愉快。我们不妨学习一下林肯的做法，把自己的不好的情绪，或者是憎恨的人写在一张纸上，然后投进火炉里，让所有影响到你的坏情绪和不利因素都付之一炬。这样，不但我们的情绪得到了发泄，还不会危及他人。

如何宣泄坏情绪

"宣泄"即是把情绪通过疏导而释放出去。宣泄只是处理情绪问题的一种方法，处理情绪问题还有许多其他方法，所以不能把宣泄看作处理情绪问题的唯一方法。实际上在不少情况下它不能彻底地解决问题，但是不良情绪有害于人的身心健康，我们只有通过宣泄来减少、排除它们，才能不受到它们的伤害，这就是我们通常所说的"情绪宜疏不宜堵"。

网络传播的出现，使话语权从少数精英手中回归到大众，再不是大众被动接受的年代了，对于信息的发布，不再有固定的监管渠道，真的假的各种信息充斥网络。所以，在传统媒介时代不能充分发表看法的网民们正在利用网络的随意性宣泄着自己的感情。这是媒介为人们提供的抒发情感的新方式，它有它存在而且必须存在的道理。

为什么网络的宣泄成为必须，这是个个性张扬的时代，每个人都有自己独特的情感和主张，都需要一个出口让人们了解他的主张和想法，报纸可以吗，电视呢，在传统的媒介中，大众不能随心所欲地参与和互动，所以网络上的宣泄发展迅猛。

但与此同时，很多专家都在担忧网络上的无度宣泄会对社会造成坏的影响。情绪宣泄是对自身的一种保护，但是宣泄也讲究方式方法，如果因为宣泄自己的坏情绪而影响到他人，这就是不应该的了。

英格索尔说:"愤怒将理智的灯吹熄,所以在考虑解决一个重大问题时,你必须心平气和,头脑冷静。"

很多时候,一些人为了一些无关紧要的事情,在一些不大可能发火的情况下,竟然大发雷霆。这意味着,这些人不了解他们自己面对引起这种局面的真正原因。而是把火气都发泄在"替罪羊"身上。

> 有一个年轻的女教师,因其经常狂暴如雷而闻名全校,学生们都害怕她。经过心理检查才弄明白,她的举动是由于神经质造成的,因为她不得不侍候她行为古怪的老父亲。她的三个哥哥以她是个未婚女子为借口,把照顾父亲的负担全部压到她的身上。在弄清楚了她的问题并与她的哥哥们再次商量后,他们同意承担部分责任。从那以后,她在工作上振作起来了。

每个人都会发火,但是,由于个人的处理方式不同,这种心理上的反应会改变人们的举止。也就是说,会引起毛病,会限制人们行动的能力,会使个人陷于悲观失望。

同时,下意识或者压抑怒火不仅会给个人而且会给周围的人带来害处。选择正确的方式宣泄自己的不良情绪,理智地分析问题的成因才是我们最应该做的事情。

用笑容点燃好情绪

微笑具有很强的情绪感染力，它是一个非常主动的信号，这比应别人情绪要求而做出的反应要有力得多。因此，微笑还传达了这样一个信息：你是一位能接受我的微笑的人。

尼尔森是一位优秀的飞行员，他曾经有一段不寻常的经历。在参加西班牙内战打击法西斯的一次战争中，他不幸被俘入狱。在狱中，尼尔森学会了抽烟。有一次，他摸出一根香烟，但是没有找到火柴。没办法，尼尔森鼓足勇气向看守借火。看守气势汹汹地打量了他一眼，冷漠地拿出火柴。当看守走过来帮尼尔森点火时，两人的眼光无意中接触了，尼尔森下意识地冲着看守微笑了一下。

尼尔森也不知道自己为何要对他微笑，也许是显示友好吧。然而，就在这一刹那，这抹微笑打破了两人心灵之间的隔阂。好像是受到了微笑的感染，看守的脸上也露出了一抹不易觉察的微笑。他点完火后并没有立刻离开牢房，眼睛和善地看着尼尔森，眼神也少了当初的凶气，脸上仍然带着微笑。尼尔森也以微笑回应，仿佛他是个朋友。

"你有小孩吗？"看守先开口问。"有，你看。"尼尔森拿出皮夹，手忙脚乱地翻出了全家福照片。看守也掏出照片，并且开始讲述他与家人的故事。此时，尼尔森的眼中充满泪水，说他害怕再也见不到家人，怕没有机会看到孩子长大……看守听了以后也流下了两行眼泪，突然，他打开牢门，悄悄带尼尔森从后面的小路逃离监狱。他示意尼尔森尽快离去，之后便转身走了，不曾留下一句话。

　　若干年后，尼尔森回忆说，如果不是那一个微笑，他不知能不能活着离开监狱。微笑竟然救了他一命。真诚的微笑如春风化雨，润人心扉。微笑的人给人的印象是热情、富于同情心和善解人意。你在出门前对镜子笑一下，自己就会获得好心情和动力。微笑其实很简单，对于微笑的理解是：没有人富到对它不需要；没有人穷到给不出一个微笑。

我们要记住：笑容是好情商的信使，你的笑容能照亮所有看到它的人。对那些整天都皱眉头、愁容满面、视若无睹的人来说，你的笑容就像穿过乌云的太阳。尤其对那些受到上司、客户、老师、父母或子女的压力的人，一个笑容能使他们了解到，一切都是有希望的，世界上是有欢乐的。

　　我们从心底发出的微笑，能传达出许多情绪信息，它似乎在对人说：我喜欢你，我是你的朋友，也请你喜欢我。微笑具有很强的情绪感染力，是一种主动接纳他人的方式，这比应别人情绪要求而做出的反应要有力得多。

　　心理学家分析后认为，如果你对他人微笑，对方也会回报以友好的笑脸，但在这回应式的微笑背后，有一层更深的意义，那便是对方想用微笑告诉你，你让他体会到了幸福。由于我们的微笑，使对方感觉到自己是一个值得他人表示好感的人，从而有一种被肯定的幸福感。所以他也会快乐地对你微笑，这便是为什么微笑那么容易感染人。

　　密西根大学心理学教授米柯纳的研究表明，面带笑容的人比起紧绷脸孔的人在经营、推销以及教育方面更容易取得成效。笑脸比紧绷的面孔藏有更丰富的情报，因而更有感染力，更有可能在人际互动中占据主动。师生之间、夫妻之间、亲子之间、上下级之间莫不如此。研究表明，彼此相互微笑的人，他们动作也协调。动作与生理反应协调，彼此之间越觉得融洽、愉快而且情绪高昂，相处十分自在。

第九章

与别人争辩，你永远也不会真赢

"不辩"是一种大胸襟

在现实生活中,"口舌之交"是人际沟通中最重要的一种方式。在这个沟通过程中,言来言去,自难免有失真之语,诽谤就是失真言语引发出的一种带有攻击性的恶意伤害行为。在很多时候,诽谤与流言并非我们所能够制止的,甚至有人说有人群的地方就有流言,也正因为如此,我们对待流言的态度就显得尤为重要。伟大的美国总统林肯说:"如果证明我是对的,那么人家怎么说我都无关紧要;如果证明我是错的,那么即使花十倍的力气来说我是对的,也没有什么用。"

当诽谤已经发生,我们一味地去争辩,其结果往往会适得其反,不是越辩越黑,便是欲盖弥彰。鲁迅先生说得好:"积毁可销骨,空留纸上声。"的确,对付诽谤最好的方法便是保持缄默,让清者自清而浊者自浊,这才是明智的选择。

有位修行很深的禅师叫白隐,无论别人怎样评价他,他都会淡淡地说一句:"就是这样吗?"

在白隐禅师所住的寺庙旁,一对夫妇开了一家小店,他们家里有一个漂亮的女儿。有一天,夫妇俩发现尚未出嫁的女儿竟然怀孕了,这种见不得人的事,使得夫妇俩异常震怒。在夫妇俩的一再逼问下,他们的女儿终于吞吞吐吐地说出"白隐"二字。

　　夫妇俩怒不可遏地去找白隐禅师理论，但这位大师不置可否，只是若无其事地说道："就是这样吗？"于是孩子生下来后，就被送给白隐禅师，此时，白隐禅师的名誉也已扫地，但他并不在意，而是非常细心地照顾孩子。他向邻居乞求婴儿所需的奶水和其他用品，虽不免横遭白眼或是冷嘲热讽，但他总是泰然处之。

　　事隔一年后，这位没有结婚的妈妈，终于不忍心再欺瞒下去了。她老老实实地向父母吐露真情——孩子的生父是住在附近的一位青年。

　　夫妇俩立即将她带到白隐禅师那里向他道歉，请他原谅，并将孩子带回。

　　白隐禅师仍然是淡然如水，他只是在交回孩子的时候，轻声说道："就是这样吗？"仿佛不曾发生过什么事，即使有，也只像微风吹过耳畔，霎时即逝。

　　白隐禅师为给邻居女儿以生存的机会和空间，毅然放弃了为自己洗刷清白的机会，纵使受到人们的冷嘲热讽，他也始终泰然处之，只有平平淡淡的一句话"就是这样吗？"雍容大度的白隐禅师令人赞赏景仰。

　　一个人如果能够将外界的闲言碎语当作耳边的一阵风，任它吹来，任它吹去，不为之所动，就会省却很多时间，获得一个清静圆满的人生。

"不争"和"无求"是远离烦恼的妙法

嫉妒是当别人超过自己时油然而生的一种酸溜溜的感觉，它不仅是一种负面的、有害的心态，而且是一种心理疾病。嫉妒心越强，说明其心理越脆弱。你不能确定自己的位置和目标，总是把自己同别人相比，无法从生活和工作中发现自己真正的价值，因此，经常处在压抑、焦虑不安、怨恨烦恼、患得患失的心境中，得不到片刻祥和、宁静。因此，嫉妒就像一把双刃剑，既会使别人受到伤害和痛苦，也会使自己处在频繁的心理刺激和压力下。

什么样的人才能摆脱嫉妒心所带来的烦恼？应该是无所求的人。

"人到无求品自高"，这句话出自清代文学家纪晓岚的先师陈伯崖撰的一副联书，原联是："事能知足心常泰，人到无求品自高"。这里的"无求"是告诫人们要摒弃满脑子的功利与浮躁，不为外物所牵绊，不为浮云遮望眼，从而获得一种超然物外的自在与宁静。这里的"无求"，不是人生的不思进取和漫不经心，也不是心灰意冷和垂头丧气，更不是一筹莫展、难掩烦闷的消极态度和庸人哲学，而是告诫人们要摆脱功名利禄的羁绊和困扰，不必强求，有所不求才能有所追求。

兄弟争雁的故事，大家一定都知道。

兄弟两个外出打猎，看见一只大雁从天上飞过，兄弟俩拉好弓准备射雁，这时却为了射下雁后该如何吃而争吵起来。哥哥说要煮着吃，弟弟说不行，要烤着吃，争论了半天也不分高下，最后没办法，就找了一个过路的老人来评理。老人说："把雁分成两半，一半煮着吃，一半烤着吃不就得了？"兄弟俩觉得这个主意不错，就听从了老人的安排，但抬头射雁时，大雁早已飞走了。

可见，争吵实在是一件两败俱伤的事，到头来谁都得不到好处。

人达到了无欲无求的境界，其人格便会自动提高。人格的伟大之处在于他能超出欲望的需求而追求品德的完善。因此，能够遵循人格的要求，有所为，有所不为，能够"不降其志，不辱其身"。

避免无谓的争论

十之八九争论的结果会使双方比以前更相信自己绝对正确。争论是没有赢家的。要是输了，当然就输了；即使赢了，实际上还是输了。如果争论者的胜利建立在使对方的论点被攻击得千疮百孔的基础上，证明他一无是处，那又怎么样？争论者会觉得扬扬自得，但对方呢？争论者伤了他的自尊，他会自惭形秽，他会怨恨争论者的胜利，而且会得到"一个人即使口服，但心里并不服"的结果。正如明智的本杰明·富兰克林所说的："如果你老是抬扛、反驳，也许偶尔能获胜，但那只是空洞的胜利，因为你永远得不到对方的好感。"

因此，要衡量一下，是要一种字面上的、表面上的胜利，还是要别人的好感和自己内心的平静？

　　巴特尔与一位政府稽查员因为一项1万元的账单引发的问题争辩了一个小时之久。巴特尔声称这笔1万元的款项确实是一笔死账，永远收不回来，当然不应该纳税。"死账？胡说！"稽查员反对说，"那也必须纳税。"

　　看着稽查员冷淡、傲慢而且固执的神态，巴特尔意识到争辩得越久越激烈，这位稽查员可能越顽固，他决定避免争论，改变话题，给他一些赞赏。

　　于是，巴特尔真诚地对这个稽查员说："我想这件事情与您必须做出的决定相比，应该算是一件很小的事情。我也曾经研究过税收的问题，但我只是从书本中得到的知识，而您是从工作经验中得到的。我有时愿意从事像您这样的工作，这种工作可以教会我很多书本上学不到的东西。"

　　听完巴特尔的话，那个稽查员从椅子上挺起身来，讲了很多关于他工作的话，以及他所发现的巧妙舞弊的方法。他的声调渐渐地变为友善，片刻之后他又讲起他的孩子来。当他走的时候，他告诉巴特尔要再考虑那个问题，在几天之内给他答复。3天之后，他到巴特尔的办公室里告诉他，他已经决定按照所填报的税目办理。

事实上，争辩的目的是为了分清是非，寻求真理。所以，只要我们不怕吃亏，不做无益的争论，而是采取积极的态度，使用积极、文明、恰当的语言去与人探讨，就一定会取得意想不到的成效。巴特尔就用自己的经历证明了这一点。

为了说服对方，改变他的意见及行为，我们需要冷静地把事实指示给他看，与他从容地交谈。当我们与某人议论时，必须注意到一件事，那就是，在展开争论时切勿冲动地大嚷，或采取激烈的态度。针对这个问题，美国耶鲁大学的两位教授进行了一项实验。

这两位教授耗费了7年时间，调查了种种争论的实态。例如，店员之间的争执，夫妇间的吵架，售货员与顾客间的斗嘴等，甚至还调查了联合国的讨论会。

结果，他俩证明凡是去攻击对方的人，都无法在争论方面获胜。相反，能够在尊重对方的人格方面动脑筋的人，则往往能够改变对方的想法。从这项实验中，我们不难获知：人们都有保护自己、避免被他人攻击的强烈冲动。当我们对他人说，"哪有那种荒谬透顶之事"或者"你的思想有问题"时，对方为了保全自己的面子，以及守住自己的立场，定会紧紧地闭起他的心扉。因而，与人展开议论之时，以冷静的态度应对为妙。

放下名利之争是明智之举

功名利禄只是役心之物，不可强求。《红楼梦》中空空道人有首《好了歌》写得很好，其中有："世人都晓神仙好，唯有功名忘不了，古来将相在何方，一堆荒冢草没了。世人都晓神仙好，唯有金银忘不了，生前只恨聚无多，待到多时眼闭了。"这两句写得甚是精辟，将功名利禄一语道破——饿了它不能充饥，冷了它不能御寒，它只会助长内心的欲望，吞噬人纯洁的性情。多少人因为它，迷失自我，到头来身败名裂；多少人因为它，丧心病狂，最终落个"人见人弃"。倒不如留得一份悠闲，任心灵在思想的河流里随意去留。

从前有一个渔翁在梦中见到了智者。

智者问道："你想和我交谈吗？"

渔翁说："我很想和您交谈，您觉得人类最烦恼的是什么？"

智者答道："他们为名利而活，又为名利而烦。他们牺牲自己的健康来换取金钱，然后又牺牲金钱来恢复健康。他们对未来充满忧虑，但却忘记了现在，于是，他们既不生活于现在之中，也不生活于未来之中。他们活着的时候好像从不会死去，但是死去以后又好像从未活过……"

渔翁问道："作为智者，您有什么生活经验想要告诉现在的人？"

智者笑着回答道："金钱名利乃身外之物，要想活得轻松，就别将名利计心头。人们应该知道，一生中最有价值的不是拥有别的东西，而是拥有健康的心态；人们应该知道，与他人攀比是不好的；人们应该知道，富有的人并不是拥有最多，而是需要最少；人们应该知道，要在所爱的人身上造成创伤只要几秒钟，但是治疗创伤则要花几年的时间，甚至更长；人们应该知道，有些人在深深地爱着他们，但却不知道如何表达自己的感情；人们应该知道，金钱可以买到任何东西，但却买不到幸福；人们应该知道，两个人看同一件事物，会看出不同的东西；人们应该知道，得到别人的宽恕是不够的，他们也应当宽恕自己。造物主在把那么多美德赋予了人类的同时，也把追逐名利的欲望同时嵌入了人类的身体。于是这些固有的心病便成了桎梏与羁绊，成了悬崖与深渊，它们将许许多多的人挡在了幸福的大门之外。"

事实上，除了名利之外，还有许多东西都能够让人实现自我价值，能够让人获得满足，而为了名利而活也不是一种珍惜人生、享受生命的态度。

圣人之道，为而不争

人们为了实现各种人生目的，无不承受着巨大的心理压力，有的是为了最基本的生存，有的是为了获取高额的利润，有的是为了争取一定的社会地位和名誉，有的是为了权力，等等。为了一己私利，有些人常不择手段，相互争斗，结果酿出了不少悲剧。在一个充满竞争的社会中，人们看重结果而忽略过程，以成败论英雄，尤其是渴望成为强者的人，害怕失败。一些人做事过分强求，不从自己的实际出发，一味追求成功，总是强求硬干、强作妄为，结果身心俱疲。

从历史上许多事实来看，极力求功名的人，难以得到功名；

极力求富贵的人，难以得到富贵。如不重视名声反而能得到名声，不重视利益反而能得到利益，不企求富贵反而能得到富贵，这就是适得其反的道理。因此，经常要从反面去看待问题、去做事，或者安静等待，机会到来了，就朝所希望的方面去努力，要懂得"不用之用""不为之为""不争之争""不胜之胜"的方法。如此，天下就没有可争之功、可争之名了。如果能参透这些，也就懂得了极为精微、高深的终极奥义，不会再被蝇头小利所扰，称为"圣人"也不为过了。

　　一次樊迟向孔子请教如何种田，孔子说："吾不如老农。"樊迟又问如何种菜，孔子答曰："吾不如老圃。"照理来说，孔子虽不是专家，但多少还是有些农业知识的，但他却宁愿承认自己不如老农、老圃，因为他在种田、种菜方面无所为，因而对这方面的无所知也就无所谓了。

　　孟子曰："思不出其位。"每个人的社会分工不同，在我们职权之外的事情，我们获得的信息少，所掌握的知识也有限，如果我们不在其位而谋其政，不但会引起别人的不快，甚至可能会影响我们处理自己职权之内事情的效果，并且也不利于我们个人的发展。老子说："以其不争，故天下莫能与之争。""不争"乎？"争"也。静坐无所为，春来草自青。

　　才能出众的人不一定居于显耀的地方，德行好也不一定自求名声。抛去权势、放弃功名也许会到达别人不能到达的境界，如此以无为而达到无所不为，还有何求？做人若明白了这个道理，不就超越了吗？

无所争未必无所得

人处于世间，如果从宇宙和历史的眼光来看待人生，会深感人之渺小，生命之短暂。以此而论，斗胜争强、求名夺利的意义何在？如此就会生活得更好吗？苏东坡说："西望夏口，东望武昌，山川相连，郁乎苍苍，此非孟德之困于周郎者乎？方其破荆州，下江陵，酾酒临江，横槊赋诗，固一世之雄也，而今安在哉！"天大的事，几十年过后再看，都是一个笑话，都已付于笑谈之中。

公元前283年，蔺相如完璧归赵之后，接着又在渑池会上巧妙地跟秦王争斗，维护了赵国的尊严。赵惠王见他功劳大，就提拔他做了上卿，地位在老将军廉颇之上。

这样一来，廉颇有意见了，他对人说："我为赵国立了不少战功，而蔺相如本来是一个出身低下的人，只靠说了几句话的功劳，职位竟然比我还高，这太没道理了。"并传言出去："如果遇上蔺相如，一定要羞辱他一番。"

当这话传到蔺相如耳里后，他做出的举动却让很多人不解，他并没有与廉颇针锋相对，而是处处相让，尽量不与廉颇见面。

当早朝时，他就说有病，躺在家里不与廉颇争位次。有一次蔺相如乘车外出，碰巧遇上廉颇，就连忙让车夫驾车躲开他，蔺相如身边的人见到这种情形都想不通，说蔺相如太软弱、畏缩了，甚至有的门人为此感到羞愧，要离开他。

蔺相如劝解门人说："你们想想看，秦王那样威严，我都敢在秦国的朝廷上当众斥责他，我之所以避让廉颇将军，并不是因为我惧怕他，我是在想，强大的秦国之所以不敢侵犯赵国，正是因为我们的文臣武将们都能同心协力的缘故。我与廉颇将军好比是两只老虎，两虎相争，结果必然两败俱伤。我之所以采取忍让的态度，正是考虑到国家的安危啊。"

蔺相如的这些话不久也让廉颇知道了。老将军对自己的言行感到既悔恨又惭愧，于是，为了表示自己认错改过的诚意，毅然决定采取一种特殊的方式向蔺相如道歉。

他用荆条捆着自己来到蔺相如家，向其请罪。一见蔺相如，老将军就恳切地说："我这个粗鲁的人，不知道您对我能如此地宽宏大量啊。"这样，蔺相如与廉颇成为了生死与共的朋友，通力合作，为赵国筑起了一道安全屏障。

可能有人会认为这个故事太老生常谈了。其实，这其中的道理很多人也都明白，但就是在现实生活中难以应用，其中的原因就是人们心中争求名利的欲望在作怪。

两人德行不相上下，不分优劣，就以能够谦让的为优；争相突出自己，而又难分高下，就以用力多的为次。因此，蔺相如引车回避而比廉颇贤明。

观察并能选择形势的反面，就是有德行的表现，就是有修养的人所说的"道"。

与人争辩是一场没有胜利的赌局

如果仗着口才好，不论场合、不知收敛，口才这匹"野马"是会闯出祸来的。与人闲谈、聊天时抬杠、好强逞能，就会被人指责：这人这是怎么了？情商差，没有半点心机。

除了一时的口头之快，你什么也得不到。

第二次世界大战结束后的一天晚上，美国人戴尔·卡耐基得到了一个极有价值的教训。当时他是罗斯·史密斯爵士的私人经纪人。大战期间，史密斯爵士曾任澳大利亚空军战斗机飞行员，被派往巴勒斯坦工作。欧战胜利缔结和约后不久，他以30天旅行半个地球的壮举震惊了全世界，没有人完成过这种壮举，当时引起了很大的轰动。澳大利亚政府颁发给他5000美元奖金，英国国王授予了他爵位。

有一天晚上，戴尔·卡耐基参加一次为推崇史密斯爵士而举行的宴会。宴席中，坐在戴尔·卡耐基右边的一位先生讲了一段幽默故事，并引出了一句话，意思是"谋事在人，成事在天"。

这位先生说那句话出自《圣经》，他错了，戴尔·卡耐基知道，并很肯定地知道出处，一点疑问也没有。为了表现出优越感，戴尔·卡耐基很讨嫌地纠正了他。这位先生立刻反唇相讥："什么？出自《莎士比亚》？不可能，绝对不可能！那句话出自《圣经》。"他自信确定如此。

这位先生坐在右首，戴尔·卡耐基的老朋友弗兰克·格蒙在卡耐基左首，他研究莎士比亚的著作已有多年。于是，戴尔·卡耐基和这位先生都同意向他请教。格蒙听了，在桌下踢了戴尔·卡耐基一下，然后说："戴尔，这位先生没说错，《圣经》里有这句话。"

那晚回家路上，戴尔·卡耐基对格蒙说："弗兰克，你明明知道那句话出自《莎士比亚》。"

"是的，当然，"他回答，"出自哈姆雷特第五幕第二场。可是亲爱的戴尔，我们是宴会上的客人，为什么要证明他错了？那样会使他喜欢你吗？为什么不给他留点面子？他并没问你的意见啊，他不需要你的意见，为什么要跟他抬杠？应该永远避免跟人家发生正面冲突。"

把自己的意见看成绝对正确，而别人的意见是愚蠢幼稚、荒诞不经，那我们就伤人了，而且伤得很厉害。因此，不应该在小节处争论不休，即使我们不同意对方的意见，也要表示对方意见中有我们可赞同的部分看法，以便缓和一下谈话气氛，使对方觉得我们并不是抹杀别人的一切。

在说话时，为了让别人有考虑的余地，我们要尽量缓和，最好能够避免使用"绝对是这样"的说法。我们可以说："有时候是这样的，有些时候是那样的。"甚至可以说："大多数人都是这样的，其效果比别人那样要好。"

更重要的是，我们不要用一种教训人的声调来说话，也不要用一种非常肯定的声调来讲话，以避免和别人争论，使别人不高兴，让人难以接受。所以，不要与人争辩，与人争辩是一场没有胜利的赌局。

争一世而不争一时

身处大千世界的我们，每时每刻都会遇到各种各样的机会，也会时刻面临着各种各样的选择。如果这些机会和选择只是个人的事情，也许就好办多了。但现实往往不是如此，冲突、竞争也伴随着我们的每一次机会与选择。

面对这种情况，我们不可能事事争、处处上，有时不仅要放弃一些无关宏旨的东西，还必须对一些自己颇为想要、但出于某些原因而不能为之的机会忍痛割爱。在一些唾手可得的东西上，以及在一些自己本身完全具有竞争力的机会中，我们也可能会由于某些因素不得不主动地让予他人。一句话，我们想要的常常无法完全获得，尽管它们本来应该是属于我们的。

所以，小不忍则乱大谋。那些不懂得这样做的人，表面上看可能争取到了他认为不错的机会，但实际上他可能陷于已有的机会中，而失去选择的主动权；相反，有远见的人则始终把这种主动权掌握在自己手中，尽管有时会失去一些眼前的机会，却为达到某一个更高的目标，打下了坚实的基础，可谓稳操胜券，这正是一种明智的选择。

东汉时，班超一行在西域联络了很多国家与汉朝和好，但龟兹恃强不从，班超便去结交乌孙国。乌孙国王派使者到长安来访问，受到汉朝友好的接待。使者告别返回，汉章帝派卫侯李邑携带不少礼品同行护送。李邑等人经天山南麓来到于阗，传来龟兹攻打疏勒的消息。李邑害怕，不敢前进，于是上书朝廷，中伤班超只顾在外享福，拥妻抱子，不思中原，还说班超联络乌孙，牵制龟兹的计划根本行不通。

班超知道了李邑从中作梗，叹息说："我不是曾参，被人家说了坏话，恐怕难免见疑。"他便给朝廷上书申明情由。

汉章帝相信班超的忠诚，下诏责备李邑说："即使班超拥妻抱子，不思中原，难道跟随他的一千多人都不想回家吗？"诏书命令李邑与班超会合，并受班超的节制。汉章帝又诏令班超收留李邑，与他共事。

李邑接到诏书，无可奈何地去疏勒见了班超。班超不计前嫌，很好地接待李邑。他改派别人护送乌孙的使者回国，还劝乌孙王派王子去洛阳朝见汉帝。乌孙国王子启程时，班超打算派李邑陪同前往。

有人对班超说："过去李邑毁谤将军，破坏将军的名誉。这时正可以奉诏把他留下，另派别人执行护送任务，您怎么反倒放他回去呢？"

班超说："如果把李邑扣下的话，那就气量太小了。正因为他曾经说过我的坏话，所以才让他回去。只要一心为朝廷出力，就不怕人说坏话。如果为了自己一时痛快，公报私仇，把他扣留，那就不是忠臣的行为。"

李邑知道后，对班超十分感激，从此再也不诽谤他人。

主动让人是一种可敬的智慧

马尔辛利刚任美国总统时，他指派某人做税务部部长，当时有许多政客反对此人，他们派遣代表前往总统府觐见马尔辛利，要求他说明委任此人的理由。派去的代表是一位身材矮小的国会议员，他脾气暴躁，说话粗声粗气，开口就把总统大骂了一番。马尔辛利却不吭一声，任凭他声嘶力竭地骂着，等他停下来了才和气地说："你讲完了，怒气可以平息了吧？照理说你是没有权力来这样责问我的，不过我还是愿意详细地给你解释。"几句话说得那位议员羞惭万分。但总统不等他表示歉意，就和颜悦色地对他说："其实，也不能怪你，因为我想任何不明真相的人，都会对这件事很生气。"接着，他便把理由一一解释清楚。

其实，不用马尔辛利再解释什么，那位议员就已经被总统的气度所折服，他心里很懊悔，不应该用这样恶劣的态度来责备一位和善的总统。因此，当他回去向同伴们汇报时，只是说："我记不清总统的全部解释，但有一点可以肯定，那就是总统的选择并没有错。"

如果马尔辛利也一样大发脾气，那么无疑不能达到这样的效果，反而会使矛盾激化。欲制服一个大发脾气的人，再没有比主动让步更具有智慧了。

谦虚的人懂得怎样尊敬别人、包容别人。比如山谷，山谷因为胸怀空阔而罗纳万物。万物生长其间，不受排斥、不受拘禁、自由生长，得到了长久的来自于山谷的给养和尊重，同时山谷间的万物也装饰和点缀了山谷，使山谷变得郁郁葱葱、生机勃发。所谓谦虚礼让、敬人敬己就是这个道理。

第十章

抱怨不如改变，生气不如争气

抱怨生活，不如经营生活

莲花因为污泥，而更庄严清净；鲑鱼因为逆游，而更勇猛奋进；探索者不怕危险困难，正因为可以挑战自己的体能极限；参禅者不怕腿酸脚麻，也是向自我内在的陋习挑战。

现实生活中很多人习惯了抱怨，遇到烦恼抱怨，遇到委屈抱怨，遇到困难抱怨……殊不知，抱怨生活的太多，发泄于生活的太多，生活就会如数还给你，这就是生活的规律。

有道是："花繁柳密处拨得开，方见手段；风狂雨骤时立得定，才是脚跟。"平静湖面，从来练不出精干的水手，只有那些经得起生活考验的，才是最好的。

一个修佛的人要想修成正果，必须经历千万重考验，才能真正达到幸福的彼岸；一个红尘俗人，只有承受住生活的检验，才能提升生命的质量。

佛经中记载了这样一则故事：

作恶多端且杀生无数的鸯掘摩在皈依佛门，加入比丘群后，知道过去所做的恶必定要接受上天的磨难，于是请求佛陀给他一段时间，接受身心的考验。

他独自前往荒郊野外，无畏于日晒、雨淋、风吹，在树下静坐，累了就到洞里休息。吃的是树根、野草，穿的是破布缝补成的衣服，甚至破烂到全身裸露。无论是煎沙煮日、霜雪严冻，还是狂风雨露，都不能动摇他修行的决心，他可以说是苦人所不能苦、修人所不能修。

过了很长时间，有一天，佛陀告诉鸯掘摩："你身为比丘，应该要走入社会人群。"鸯掘摩听从佛陀的话，跟其他比丘一样到城里托钵。

然而，人们看到他就很厌恶，不但大人辱骂他，连小孩看了他也纷纷躲避。鸯掘摩向一位怀孕的妇人托钵，那妇人突然肚子痛得哀天叫地。

鸯掘摩回到精舍，将经过告诉佛陀。"受人厌弃、咒骂，这些我都不在意，因为我以前做过太多坏事，这是我罪有应得。但是，那位怀孕的妇人一看到我，连胎儿也不得安位，我该怎么做才能解除她的痛苦呢？"

佛陀要鸯掘摩再回到那户人家，向妇人腹中的胎儿说："过去的我已经死了，现在我重生在如来的家庭，已经守戒清净，再也不会杀生了。"果然，当鸯掘摩将此话对那位妇人反复说了三次后，妇人腹中的胎儿就安定下来了。

此后鸯掘摩走入人群托钵，仍然有人会用石头和砖块扔他，甚至拿棍子打他，但鸯掘摩都没有怨言，也不躲避。

有一天，佛陀看鸯掘摩全身是血，而且都青肿了，心疼地对他说："你过去造的恶业确实很多，所以得长期接受磨炼。你要时时把心照顾好，耐心地接受这份果报。"

鸯掘摩平静地说："我过去杀生太多、作恶多端，是罪有应得。只要我不迷失道心，即使生生世世要接受天下人的身心折磨，我也愿意。"

佛陀听了很安慰，赞叹并勉励他自我觉悟，磨尽一切罪业。最终，鸯掘摩修成了正果。

鸯掘摩修行的过程是痛苦且艰难的，如果他一味地抱怨，心就会被困在不停埋怨的牢笼里，但是，选择承受、选择经营心境，就能经受住这个严酷的考验过程。

别把抱怨的"枪口"对准每一个角落

几乎在每一个公司里，都有"牢骚族"或"抱怨族"。他们每天轮流把"枪口"指向公司里的任何一个角落，埋怨这个、批评那个，而且，从上到下，很少有人能幸免。他们的眼中处处都能看到毛病，因而处处都能看到或听到他们的批评和发怒。

杰森刚出来打工时，和公司其他的业务员一样，拿很低的底薪和很不稳定的提成，每天的工作都非常辛苦。他拿着第一个月的工资回到家，向父亲抱怨说："公司老板太抠门了，给我们这么低的薪水。"慈祥的父亲并没有问具体数字，而是问："这个月你为公司创造了多少财富？你拿到的与你给公司创造的是不是相称呢？"从此，杰森再也没有抱怨过，既不抱怨别人，也不抱怨自己，更多的时候只是感觉自己这个月的业绩太少，对不起公司给的工资，于是更加勤奋地工作。

两年后，他被提升为公司主管业务的副总经理，工资待遇提高了很多，他时常考虑的仍然是："今年我为公司创造了多少财富？"有一天，他手下的几个业务员向他抱怨："这个月在外面风吹日晒，吃不好，睡不好，辛辛苦苦，老板才给我500元！你能不能跟老板建议给增加一些？"他问业务员："我知道你们吃了不少苦，应该得到回报，可你们想过没有，你们这个月每人给公司只赚回了2000元，公司给了你们500元，公司得到的并不比你们多。"业务员都不再说话。

在以后的工作中，他手下的业务员成了全公司业绩最优秀的员工，他也被老总提拔为常务副总经理，这时他才27岁。去人才市场招聘时，凡是抱怨以前的老板没有水平、给的待遇太低的人他一律不要，他说，播种蒺藜不会收获牡丹，你自己不付出，却想着收获。做事情不知道反思自己，只知道抱怨别人，这种人是做不成大事的。

按照杰森的观点，抱怨之前要先反思自己，可是人们通常都只能听到别人的抱怨，却忽略了自己。很多人经常抱怨，却还以为自己是最乐观的、最任劳任怨的人。

抱怨一般有三种：一种是工作上的抱怨，如抱怨上司不公平、待遇不佳、工作太多、同事不合作，等等；另一种是生活上的抱怨，如抱怨物价太高、小孩不乖、身体不好，等等；还有一种是对社会的抱怨，总是愤世嫉俗，对不公平之事极为不满。

人都有一种正义与刚毅之气，有一种自尊之需，因此难免会对周围的不平之事发泄自己心中的情绪，但你要知道你的抱怨不会给别人带来任何益处。

有问题才会抱怨，如果你抱怨的都是一些很小的事情，而且天天抱怨，那就会给人一种"无能"的印象。一个能干之人，如果因为爱抱怨而被人认为"无能"，那不是很冤枉吗？如果你时常抱怨别人，那么你也会被认为是个不合群、人际关系有问题的人，否则为什么别人不抱怨？

对工作的抱怨如果言过其实或无中生有，那么听的人不仅会不以为然，不同情你，反而会抵制你，连上司也会对你表示反感。

事事烦心，事事无成

人常常被困在有名和无名的忧烦之中，为此而抱怨。忧烦一旦出现，人生的欢乐便不翼而飞，生活中仿佛没有了晴朗的天，真是吃饭不香，喝酒没味，工作没劲，事业无心，连游戏也失去意思。这一切，只因为我们陷入了细小的忧烦之中。

吉布林娶了一个维尔蒙地方的女孩子凯洛琳·巴里斯特，在维尔蒙的布拉陀布罗造了一间很漂亮的房子，在那里定居下来，准备度过他的余生。他的舅爷比提·巴里斯特成了吉布林最好的朋友，他们在一起工作，在一起游戏。

然后，吉布林从巴里斯特手里买了一点儿地，事先协议好巴里斯特可以每一季在那块地上割草。有一天，巴里斯特发现吉布林在那片草地上开了一个花园，他生起气来，暴跳如雷，吉布林也反唇相讥，弄得维尔蒙绿山上乌烟瘴气。

几天之后，吉布林骑着的他的脚踏车出去玩的时候，他的舅爷突然驾着一辆马车从路的那边转了过来，逼得吉布林跌下了车子。而吉布林——这个曾经写过"众人皆醉，你应独醒"的人——却也昏了头，告到官里去，把巴里斯特抓了起来。接下去是一场很热闹的官司，大城市里的记者都挤到这个小镇上来，新闻传遍了全世界。事情没办法解决，这次争吵使得吉布林和他的妻子永远离开了他们在美国的家，这一切的忧虑和争吵，只不过为了一件很小的小事：一车子干草。

平锐克里斯在两千四百年前说过："来吧，各位！我们在小事情上耽搁得太久了。"一点儿也不错，我们的确是这样的。哈瑞·爱默生·傅斯狄克博士曾说过这样一个故事：森林里的一个"巨人"在战争中怎么样得胜、怎么样失败的过程。

在科罗拉多州长山的山坡上，躺着一棵大树的残躯。自然学家告诉我们，它曾经有四百多年的历史。初发芽的时候，哥伦布刚在美洲登陆；第一批移民到美国来的时候，它才长了一半大。在它漫长的生命里，曾经被闪电击过14次；四百年来，无数的狂风暴雨侵袭过它，它都能战胜它们。但是在最后，一小队甲虫攻击这棵树，使它倒在地上。那些甲虫从根部往里面咬，渐渐伤了树的元气。虽然它们很小、但持续不断地攻击。这样一个森林里的巨人，岁月不曾使它枯萎，闪电不曾将它击倒，狂风暴雨没有伤着它，却因一小队可以用手捏死的小甲虫而终于倒了下来。

我们岂不都像森林中的那棵身经百战的大树吗？我们也经历过生命中无数狂风暴雨和闪电的打击，但都撑过来了。可是却会让我们的心被微小的小甲虫咬噬——那些用手就可以捏死的小甲虫。

几年以前，有人有机会去怀俄明州的提顿国家公园游玩。和他一起去的，是怀俄明州公路局局长查尔斯·西费德，还有其他的朋友。他们本来要一起参观洛克菲勒坐落于那公园的一栋房子的，可是他坐的那部车子转错了一个弯，迷了路。等到达那座房子的时候，已经比其他车子晚了一个小时。西费德先生没有开那座大门的钥匙，所以他们又在那个又热又有好多蚊子的森林里等了一个小时，等这位迷了路的朋友到达。那里的蚊子多得可以让一个圣人都发疯。可是它们没有办法赢过西费德。在等待迷了路的朋友的时候，他拆下一段白杨树枝，做成一根小笛子，当迷路者到达的时候，他不是忙着赶蚊子，而正在吹笛，当作一个纪念品，纪念一个知道如何不理会那些小事的人。

解除忧虑与烦恼，记住规则："不要让自己因为一些应该丢开和忘记的小事烦心。"

世界不是根据公平原则创造的

在我们这个世界上，许许多多的人都认为公平合理是生活中应有的现象。我们经常听人说："这不公平！""因为我没有那样做，你也没有权利那样做。"我们整天要求公平合理，每当发现公平不存在时，心里便不高兴。应当说，要求公平并不是错误的心理，但是，如果不能获得公平，就产生一种消极的情绪，这个问题就要注意了。

实际上绝对的公平并不存在，你要寻找绝对公平，就如同寻找神话传说中的宝物一样，是永远也找不到的。这个世界不是根据公平的原则而创造的，譬如，鸟吃虫子，对虫子来说是不公平的；蜘蛛吃苍蝇，对苍蝇来说是不公平的；豹吃狼、狼吃獾、獾吃鼠、鼠又吃……只要看看大自然就可以明白，这个世界并没有公平。飓风、海啸、地震等都是不公平的，公平只是神话中的概念。人们每天都过着不公平的生活，快乐或不快乐，是与公平无关的。

这并不是人类的悲哀，只是一种真实情况。

生活不总是公平的，这着实让人不愉快，但确是我们不得不接受的真实处境。我们许多人所犯的一个错误便是为了自己或他人感到遗憾，认为生活应该是公平的，或者终有一天会公平。其实不然，绝对的公平现在不会有，将来也不会有。

承认生活中充满着不公平这一事实的一个好处便是能激励我们去尽己所能，而不再自我伤感。我们知道让每件事情完美并不是"生活的使命"，而是我们自己对生活的挑战，承认这一事实也会让我们不再为他人遗憾。

每个人在成长、面对现实、做种种决定的过程中都会遇到不同的难题，每个人都有成为牺牲品或遭到不公正对待的时候，承认生活并不总是公平这一事实，并不意味着我们不必尽己所能去改善生活，去改变整个世界；恰恰相反，它正表明我们应该这样做。

当我们没有意识到或不承认生活并不公平时，我们往往怜悯他人也怜悯自己，而怜悯自然是一种于事无补的失败主义的情绪，它只能令人感觉比现在更糟。但当我们真正意识到生活并不公平时，我们会对他人也对自己怀有同情，而同情是一种由衷的情感，所到之处都会散发出充满爱意的仁慈。当你发现自己在思考世界上的种种不公正时，可要提醒自己这一基本的事实，你或许会惊奇地发现它会将你从自我怜悯中拉出来，使你采取一些具有积极意义的行动。

公平公正能够向往，但不能依赖和强求，不要把堕落的责任推诸他人，更不能自欺欺人！许多不公平的经历我们是无法逃避的，也是无从选择的，我们只能接受已经存在的事实并进行自我调整，抗拒不但能毁了自己的生活，而且还会使自己精神崩溃。

无法改变现状，就改变态度

有两个人在大海上漂泊，想找一块生存的地方。他们首先到了一座无人的荒岛，岛上虫蛇遍地，处处都潜伏着危机，条件十分恶劣。其中一个人说："我就在这了。这地方虽然现在差一点儿，但将来会是个好地方。"而另一个人不满意，于是他继续漂泊，后来他终于找到一座鲜花烂漫的小岛，岛上已有人家，他们是18世纪海盗的后裔，几代人努

192

力把小岛建成了一座花园。他便留在这里做了小工，生活不好也不坏。

过了很多年，一个偶然的机会，他经过那座他曾经放弃的荒岛，于是决定去拜访老友。岛上的一切使他怀疑，还以为走错了地方：高大的屋舍、整齐的田畴、健壮的青年、活泼的孩子……老友已因劳累、困顿而过早衰老，但精神仍然很好。尤其当他说起变荒岛为乐园的经历时，更是神采奕奕。最后老友指着整个岛说："这一切都是我双手干出来的，这是我的岛屿。"那个曾经错过小岛的人此时不但没有愧疚，而且还抱怨说："为什么上天这么厚爱你，当时你要留我在这个岛上也许会比现在更好。"

有些人常常抱怨命运不公，却不看自己为理想做了些什么。其实，只要放平心态，你一样也能活得很好。

有一天，狮子来到天神面前："我很感谢你赐给我如此雄壮威武的体格，如此强大无比的力气，让我有足够的能力统治这片森林。"

天神听了，微笑地问："但是这不是你今天来找我的目的吧！看起来你似乎为了某事而困惑呢！"

狮子轻轻吼了一声，说："天神真是了解我啊！我今天来的确是有事相求。即使我的能力再好，每天鸡鸣的时候，总会被鸡鸣声给吓醒。神啊！祈求你，再赐给我一种力量，让我不再被鸡鸣声吓醒吧！"

天神笑道："你去找大象吧，它会给你一个满意的答复的。"

狮子兴冲冲地跑到湖边找大象，还没见到大象，就听到大象踩脚所发出的"砰砰"响声。

狮子加速跑向大象，却看到大象正气呼呼地在踩脚。

狮子问大象："你干吗发这么大的脾气？"大象拼命摇晃着大耳朵，吼着："有只讨厌的小蚊子，总想钻进我的耳朵里，害我都快痒死了。"

狮子离开了大象，心里暗自想着："原来体形这么巨大的大象，还会怕那么瘦小的蚊子，那我还有什么好抱怨的呢？毕竟鸡鸣也不过一天一次，而蚊子却是无时无刻地骚扰着大象。这样想来，我可比它幸运多了。"

在生活中，我们事事要求公平，要求按照自己的意愿发展。如果稍出差错就觉得老天对自己不公平，抱怨或牢骚就产生了。抱怨是一种心理不平衡的反应，是一种追求完美的心理和情绪化心态的外在表现。你周围有没有这样的朋友？他每天都会有许多不开心的事，总在不停地抱怨。你喜欢和这样的人打交道吗？

只看我有的，我已经是富人

人生究竟是黑白还是彩色，纯粹是一种习惯性的看法。我们一旦习惯看到人生的黑暗面，就会刻意去寻找黑暗的那一面，而忽略掉光明的一面，我们自然就会被消极的世界所包围。多计算一下自己已拥有的，我们每个人都将是富人。

黄美廉，自小就得上脑性麻痹。病魔夺去了她肢体的平衡感，也夺走了她发声讲话的能力。从小她就活在诸多肢体不便及众多异样的眼光中，她的成长充满了血泪。

然而，这位坚强的女孩没有让这些外在的痛苦击败她内在奋斗的精神，她坚持面对，迎向一切的不可能。经过努力，她最终获得了加州大学艺术博士学位，她用她的手当画笔，以色彩告诉人"寰宇之力与美"，并且灿烂地"活出生命的色彩"。

"请问黄博士，"在一次讲座上，一个学生问她，"你从小就长成这个样子，请问你怎么看你自己？你都没有怨恨吗？"

"我怎么看自己？"美廉用粉笔在黑板上重重地写下这几个字。她写字时用力极猛，有力透纸背的气势，写完这个问题，她停下笔来，歪着头，回头看着发问的同学，然后嫣然一笑，回过头来，在黑板上龙飞凤舞地写了起来：

我好可爱！

我的腿很长很美！

爸爸妈妈这么爱我！

上帝这么爱我！

我会画画！我会写稿！

我有只可爱的猫！

还有……

台下，所有的人都沉默了，面对众人的沉默，她在黑板上写下了她的结论："我只看我所有的，不看我所没有的。"掌声响起。有一种永远也不被击败的傲然，写在她的脸上。

的确，人生短暂，我们赤条条地来，又赤条条地去，何必物欲太强，贪占身外之物？"身外物，不奢恋"是思悟后的清醒，它不但是超越世俗的大智大勇，也是放眼未来的豁达襟怀。谁能做到这一点，谁就会遇事想得开、放得下，活得轻松，过得自在。

《伊索寓言》讲述了这样一则故事：

有一次，孙子和祖父进林子里去捕野鸡。祖父教孙子用一种捕猎机，它像一只箱子，用木棍支起，木棍上系着的绳子一直接到他们隐蔽的灌木丛中。野鸡受撒下的玉米粒的诱惑，一路啄食，就会进入箱子，只要一拉绳子就大功告成了。支好箱子藏起来不久，就有一群野鸡飞来，共有9只。大概是饿久了的缘故，不一会儿就有6只野鸡走进了箱子。孙子正要拉绳子，可转念一想，那三只也会进去的，再等等吧。等了一会儿，那三只非但没进去，反而走出三只来。

孙子后悔了，对自己说，哪怕再有一只走进去就拉绳子。接着，又有两只走了出来。如果这时拉绳，还能套住一只。但孙子对失去的好运不甘心，心想着还会有些野鸡要回去的，所以迟迟没有拉绳。

结果，连最后那一只也走了出来。孙子一只野鸡也没有捕到。

贪婪总是幸福的大敌。要想真正获得幸福，就要学会淡定，学会知足。

人生怎么样就看你自己怎么看，是贫穷还是富有，是黑白还是彩色，都在于你自己。如果你能接受自己所有的缺憾，接受这份不完整的生命赐予，那么你就能更快乐地活着。

抱怨让你忽略身边的幸福

有一天，佛陀外出云游，路上遇见一位诗人。这位诗人不但才华横溢且英俊潇洒，而且拥有娇妻爱子，但他却一脸愁云，逢人便抱怨上天对自己不公，总觉得自己不幸福。

佛陀问他："你什么都已经拥有了，为何还这么发愁，我可以帮你吗？"

诗人回答："的确，在外人的眼中我拥有了很多，但我却缺一样重要的东西，你能给我吗？"

"可以。"佛陀说，"无论你要什么，我都可以给你。"

"是吗？"诗人盯着佛陀，一字一顿、满脸怀疑地说，"我要幸福！"

佛陀想了想，自言自语道："我明白了。"

说完，佛陀施展佛法，把诗人原先拥有的一切全部拿走——毁去他的容貌、夺走他的财产、拿走他的才华，还夺走了他的妻子和孩子的生命。

一月后，佛陀再次来到这位诗人的身边。此时的诗人，已经饿得半死，躺在地上呻吟。佛陀再施佛法，把一切又还给了诗人，然后悄然离去。

半个月后，佛陀再次去看诗人。这一次，诗人搂着妻儿，不停地向佛陀道谢。因为，他已经体会到了什么是幸福。生活中，很多时候我们不正像那位诗人一样吗？明明拥有了很多，却对自己身边的幸福视而不见，还在苦苦寻觅所谓的幸福与快乐。其实生活就是这样，它在无形中就已经给了我们必须的东西，是追逐的目光和抱怨的心理使我们不懂得驻足欣赏我们已经拥有的幸福。当一切失去时，才蓦然发现它的珍贵。

艺术大师罗丹说过："生活中并不缺少美，只是缺少发现美的眼睛。"其实，幸福又何尝不是如此，我们的身边不是缺少幸福，而是缺少了感触幸福的心。处在当今社会中，每个人的脚步都变得越来越忙碌，很多人的眼光都变得越来越势利，人们忙着追求，忙着索取，直至失却了沉静的本能，成为物质的奴隶。

也许有人会说，有谁愿意抱怨啊？你是不了解我的痛苦！确实，生命的苦旅中有无数艰难险阻，甚至让人难以承受。但是抱怨又能怎样呢？而且当你看完了下面的故事，相信大多数人都会明白，我们甚至没有抱怨的资格！

2004年5月的一个晚上，在12000余名听众雷鸣般的掌声中，一位"半身人"用双掌撑地，一步步地走上了青岛天泰体育场的主席台。这个半身人来自澳大利亚，名叫约翰·库缇斯，天生没有下肢，但是他却用双掌走遍了世界上190多个国家和地区，被誉为"世界上最著名的残疾人演讲大师"。此外，他还是大洋洲的残疾人网球赛的冠军，是游泳健将，甚至会用两只手开汽车。

"大家好！"打过招呼，库缇斯拿起了桌子上的矿泉水瓶子，边比画边说："从一出生我就是个悲剧，当时我只有矿泉水瓶这么大，两腿畸形，医生断言我活不过当天，可我活到了现在，35岁的我依然健在，而且经常在世界各地旅行……"

库缇斯一口气讲了半个小时，其间，观众们的掌声几乎就没停过。最后，库缇斯突然举起手里的一件东西说："我非常感谢青岛朋友的热情招待，我住的宾馆条件非常好，但有一样东西让我不知所措，服务生却每天都会把它放在我的床头。"说完，库缇斯把他说的东西扔向了听众席，原来是一双一次性拖鞋。

听众席一片肃静。

"如果你能穿拖鞋的话，你是幸运的，你是没资格抱怨的！不是每个人都能够穿拖鞋的！"库缇斯大声说。听众席上立即爆发出一连串的喝彩声，紧接着是长久的掌声。

哲人说："苦海即是天堂，天堂也即苦海。"想想真是如此，有时候我们明明生活在天堂，却总是觉得自己苦不堪言；而我们意识当中的苦海，却有很多人生活得不亦乐乎。这一切，其实都源自于我们的心态是否平和，我们是否足够坚强。最后再问一句：和库缇斯相比，你有没有资格抱怨？如果没有，还是及早放弃抱怨，学会珍惜吧！

不抱怨是一种智慧

在生活中，我们的身边充满了各种各样的抱怨：抱怨孩子不懂事，抱怨家人不体谅自己，抱怨付出多、薪水低，抱怨上级不公平，抱怨公司制度不合理，抱怨人生不如意……有的抱怨是我们说给别人听的，有的抱怨是别人说给我们听的。但是，几乎没有人抱怨过自己：我为什么会有这么多的抱怨呢？

抱怨就像思维的一种慢性毒药。在我们的大脑中毒的同时，我们的人生态度、行动被"抱怨"这种强烈的病毒感染。在抱怨的生活中，我们的意志不断受到消磨，抱怨就像可以"溃堤"的蚂蚁一样，精神之堤瞬间被生活的洪水化为乌有。

我们就像陷入了抱怨的泥潭，无法自拔……在抱怨中找不到灵魂的出路，囿于抱怨的牢房，不知道如何走出抱怨的世界，给自己一个完美的世界。

葡萄牙作家费尔南多·佩索阿说："真正的景观是我们自己创造的，因为我们是它们的上帝。我对世界七大洲的任何地方既没有兴趣，也没有真正去看过。我游历我自己的第八大洲。"就像费尔南多·佩索阿说的那样，在生活中，我们才是自己的上帝，我们在创造自己的完美世界。

抱怨还是一种消极的行为方式，因为抱怨表达的是消极信息：挑剔、不满、埋怨、懊悔、烦恼、愤怒，等等，人在抱怨之后并不是轻松了，而是更生气了，而且不仅自己生气，周围的人也跟着不高兴。心理学研究表明，消极情绪会造成免疫力下降，时间长了就容易生病。相反，积极情绪会提高人的免疫力。消极情绪就像黑暗，而积极情绪才是阳光。

抱怨是最消耗能量的无益举动。有时候，我们不仅会针对人，也会针对不同的生活情境表示不满；如果找不到人倾听我们的抱怨，我们还会在脑海里抱怨给自己听。神奇"不抱怨"运动，来得恰是时候，正是我们现代人最需要的。我们可以这样看，天下只有三种事：我的事、他的事、老天的事。抱怨自己的人，应该试着学习接纳自己；抱怨他人的人，应该试着把抱怨转成请求；抱怨老天的人，请试着用祈祷的方式来诉求你的愿望。这样一来，你的生活会有想象不到的大转变，你的人生也会更加地美好、圆满。

抱怨是对自己的失责

抱怨是对自己的一种失责。日常生活中我们听到的抱怨有层次高低之分。有人把抱怨分为低级抱怨、高级抱怨和超级抱怨。所谓低级抱怨，是指因为基本的生存需要得不到满足而产生的抱怨，比如工资不够高、生活很劳累、工作环境恶劣，等等；高级抱怨则涉及人的自我尊重和自我价值的肯定等问题，比如自己没有得到领导的肯定、没有发挥能力的机会、自己的付出得不到家人的认同，等等；超级抱怨往往是对整体环境而言的，比如对于整个社会正义的期待等，抱怨者往往有一种忧患人世的危机感，抱怨社会并不像他所想象的那般美好。

在温饱已不成问题、社会飞速发展的今天，我们见到的多是其中的高级抱怨和超级抱怨，这些抱怨一般指向家庭和工作上的不满，而抱怨者又以女性居多。"我哪点比她差？她的长相不如我，身材不如我，工作也不如我，为什么他会看上她，真是气人。"

"你看，我和她都是做一样的工作，我们的业绩都是不相上下，而我的资历还比她老，凭什么提拔她做经理？"

"看人家爱丽丝，都已经开上豪华跑车了，可是我呢，什么都没有，你和她老公是同学，你怎么就差别人那么远呢？"

"为了这个家我付出了多少啊，每天都操劳这操劳那的，到头来你却说我不够体贴温柔，这日子没法过了。"其实，很多人的抱怨是来自自己的不独立，由于从小受到传统观念的熏陶，我们既渴望生活带给我们发现自我和实现自我的机会，以维护自己的尊严，又不愿意承担过多的责任，害怕承担责任产生的紧张、压力和不稳定。我们常常把自己的幸福寄托在别人的身上，当别人无法给自己带来满足，就会大大折损我们的幸福感，于是就开始抱怨别人、抱怨生活。

抱怨其实是怯弱无能的表现。凡是有能力的人，无论遇到困难，还是陷入不利的境遇，总是能冷静地考虑对策，依靠自己的努力征服困难，扭转被动局面；而懦弱无能的人，碰到一点儿小小的困难就会束手无策，既然没法依靠自己的力量和智慧去战胜困难，于是就免不了怨天尤人，牢骚满腹。

美国心理学家艾利斯说："生命中最幸福的时刻，就是你认清自己该担负责任的时刻，你不会再责怪你的母亲、大自然或者总统，你开始了解自己才是命运的主宰。"种种抱怨都来自对他人的过分依赖，过于看重别人的态度，而忽视了自己的感受。

每个人都要对自己的人生负责，人生中的各种滋味，只有自己才能品尝，人生中的成功和快乐，只有自己才能找到。遇到烦恼的事情，无须怨天尤人，不要把失意与挫败归咎于不幸的童年、教育的不当、家庭的贫穷或老天爷不开眼，那些因素只是诱发烦恼的外因，而自身的个性心理弱点才是导致烦恼的根本原因。

第十一章

心浮气躁，让你一辈子一事无成

现代人的浮躁心理及应对措施

当今各个行业都有显而易见的"浮躁"之风，这与传统文化中强调的"内心和谐"，以及我们构建和谐社会的主旨是相悖的。浮躁是一种不良情绪，心理学家甚至把其纳入"亚健康"之列。无论是为人、治学，还是做事，一旦沾染了浮躁，不但出不了成绩，解决不了问题，还会影响到自己的身心健康和人际关系。

《道德经》第二十六章有言："轻则失本，躁则失君。"意思是说，轻率就会丧失根基，浮躁妄动就会丧失主宰。非淡泊无以明志，非宁静无以致远，持重守静乃是抑制轻率躁动的根本。故而简默沉静者，大用有余；轻薄浮躁者，小用不足。浮躁就是种种杂念惑乱了我们的心，蒙蔽了我们对事物整体的理智见识，从而忽视或排斥了理性而任由感情发泄。

浮躁在当今社会是具有普遍性的，首先，市场经济是趋利经济，它将人的所有欲望调动起来，人会趋利避害，这是人性的本能，也是弱点；其次，很多人思想意识浅薄，自控能力太弱，没有严格约束自己，没有自我要求和自我反省。分析出浮躁形成的因由，"不执心""不分心""不动心"的总原则，可以作为应对浮躁的措施。

"不执心"是这个总原则的第一要求。心无所执着，就是"不执心"。心若执着不移就易生贪欲、嗔恨、愚痴、傲慢、猜疑、迷惑、紊乱、虚妄。

"不分心"是这个总原则中的第二要求。人往往看到别人，看不到自己。由于对自我的观照不够，因此产生种种烦恼，如果我们懂得观照自己，常常自我反省，并且宽以待人、严于律己，遇到事情，能够把自己和别人的立场对调一下，想想如果我是他，他是我，于是平等心、无分别心就会产生，也就不会过于计较人我之间的是非、善恶、得失、美丑、荣辱与高下了。

"不分心"并不是要我们完全没有是非、好恶的观念，它的真义在于告诉人们要用平等可变的观念去看待世间的差别对待，永远保持一颗高贵平静的心，过平淡快乐自由的生活。

"不动心"是这个总原则的第三要求。一般人对修心养性的道理好像有所认识、有所体悟，但是境界一变，就迷惑了，这就是所谓"说时似悟，对境生迷。""不动心"就是不仅要"说时似悟"，尤其境界变了的时候，也不能"生迷"。禅宗有所谓"八风吹不动"之说，就是要求修行的人做到在遭遇利、衰、苦、乐、称、讥、毁、誉八种境界时，都能不为所动，这才是真正的"不动心"。

人们能做到这三点，就会达到"内外如一"的境界。"内外如一"就是表里一致，身心合一。内心没有冲突和分裂，这是内心和谐的一种境界。一般人由于对功名的追逐和欲望的逼迫，内心往往好像处于风暴的中心。如果放任这种状态持续下去，会影响到自己的工作和生活。调理内心，主要就是管理好自己的欲望，见可欲而不乱，见利诱而不动。工作中，如果我们能按这三项原则，去修炼自己的内心，自然就会取得身心的和谐。

浮躁的对立面是认真、稳定、踏实、深入。无论是治学、为人，还是做事、管理，如果你能远离浮躁，梦想就会成为现实。

所以，千万不要忽视浮躁心态对人体的危害。经济的发展，人们的心态和处世态度本宜继承古人所倡导的沉稳，然而，不少人似乎少了耐心，多了急躁；少了冷静，多了盲目；少了脚踏实地，多了急于求成。看看身边，好像人人都如此，于是，便不由自主地浮躁起来了。

如果我们能够坚持，真正的静下心来，认真地去学习、工作，我们做得会比现在好很多。只有拭去心灵深处的浮躁，才能找到幸福和快乐，那么，幸福和快乐在哪里？幸福和快乐其实就在我们每个人的心里。只要你愿意，你随时都可以支取。在很多时候，我们都急需在心中添把火，以燃起某些希望。在很多时候，我们都急需在心中洒点水，以浇灭某些欲望。你会感觉到，其实我们很幸福，其实我们很快乐。

内心不安，才是最大的敌人

在奥运会上夺得金牌的冠军，接受媒体采访时，说得最多的一句话就是：保持了平常的心态。的确，在竞技场上保持平常心态，就能使竞技者超水平发挥，取得意想不到的成绩。在工作中更是这样，只有保持平常心，我们才能保证自己忙出成效。

实际上，很多人并不是因自己的能力不足所打败，而是败给自己无法掌控的情绪。在现实工作中，在激烈的竞争形势与强烈的成功欲望的双重压力下，从业者往往会出现焦虑、欢喜、急躁、慌乱、失落、颓废、茫然、百无聊赖等困扰工作的情绪。这种情绪一齐发作，常常会让人丧失对自身的定位，变得无所适从，从而大大地影响了个人能力的发挥，使自己的工作效能大打折扣。大家对电视剧《大长今》的主角长今一定不会感到陌生，她是朝鲜历史上第一个主治皇帝的女医官。然而就是这样一位医术高明的人，却曾经因为自己的浮躁输掉了一次关键性的比赛。

为了争夺最高尚官的位置，长今和今英各自全力以赴协助自己的师傅，比赛熬制鲜美的汤。

长今做菜的灵性和才能都不可能输给今英，但在一场比自己生命都还重要的比赛中，她怎么会输了呢？

因为长今实在太想赢得这场比赛了，为了能够寻找到最好的牛骨，她跑到很远的地方，因此耽误了一天多的时间。要熬制上好的牛骨汤，至少需要三天三夜才能去除牛骨的油腻和腥味。长今想出了利用宣纸来去除油腻，加珍贵药材来去掉腥味的方法。

结果长今输了。因为，长今违背了考题的宗旨——"做出老百姓也能做得出的汤"。

师傅对长今说："是你的聪明才智变成了毒药，所以你才会失败。"其实，真正的毒药不是长今的聪明才智，而是长今太想赢得比赛而引发的急功近利的心态。她失去了一颗"平常心"，违背了做事的根本。

无论做事还是做人，除了要善于抓住时机，懂得运用必要的技巧之外，还需要保持一颗平常心。这种平常心，对于想真正忙出成效的人来说，是十分重要的。

　　一般说来，人的心往往不能以常理来衡量。理论上，或许认为某种做法是对的，但人心往往朝着相反的方向走。这是一件很麻烦的事情，但仍有某种法则可循。如果你有一颗平常心，就可以心平气和地工作，心平气和地生活。

　　南怀瑾先生曾提到过庄子有一个"心兵不动"的说法，他引用庄子的话，形容这种"心、意、识"自讼的状态，叫作"心兵"，就是说平常的人们，意识之中，随时都在"内战"。时时都有理性和情绪上的斗争，随时自己和自己都在争讼、打官司。这个时候，如果能够按住"心兵不动"，自心的天下就太平了。一个人若能按住"心兵不动"，不仅可以取得内心的平安，而且还能够无往不胜。

　　一位年迈的北美切罗基人教导年幼的孙子们人生真谛。他说："在我内心深处，一直在进行着一场鏖战，交战是在两只狼之间展开的。一只狼是恶的——它代表恐惧、生气、悲伤、悔恨、贪婪、傲慢、自怜、怨恨、自卑、谎言、妄自尊大、高傲、自私和不忠；另外一只狼是善的——它代表喜悦、和平、爱、希望、承担责任、宁静、谦逊、仁慈、宽容、友谊、同情、慷慨、真理和忠贞。同样，交战也发生在你们的内心深处，在所有人内心深处。"

　　听完他的话，孩子们静默不语，若有所思。过了片刻，其中一个孩子问："那么，哪一只狼能获胜呢？"饱经世事的老者回答道："你喂给它食物的那只。"

这是很值得深思的一个故事，面对内心的交战，我们要用喜悦、和平、希望宁静之心来代替贪婪、恐惧、傲慢之心，使自己时刻保持一颗宁静从容的心。

宁静的力量

"静"不仅是智慧之根，也是养身之本。只要我们能够在工作中和生活中经常保持心清静、意清静，智慧即会随时涌现，同时也能够获得身心上的平衡。

"静"，是一个人取得成功的要诀。一个人只有宁静，才能够把握机遇，获得成功。许海峰是我国第一枚射击金牌的获得者，他的成功就得益于"静"的能力的发挥。1983年，许海峰成为国家射击队的一员，虽然他已经取得了不错的成绩，但他知道自己基础薄弱，需要学习的地方还有很多。于是，他除了刻苦训练以外，经常利用业余时间去资料室看资料，吸取中外优秀射手的成功经验。看录像、做笔记的时候有什么心得体会，他都会及时地和教练交流。

第23届奥运会前夕，许海峰在墨西哥国际邀请赛上惨遭失败。但他没有气馁，而是冷静地思考、总结了这次比赛失利的原因，他想："时差反应、不利的天气、不合口味的饭菜等影响成绩的不利因素在我参加奥运会的时候肯定也会出现，我何不借此机会想出克服这些不利因素的办法呢？"于是，他根据自己的优缺点，认真地想了一些对策，以便自己在参加奥运会的时候可以尽快克服那些不利因素。

1984 年 7 月 29 日是奥运会的第一天，许海峰参加的手枪慢射比赛将决出本届奥运会的第一枚金牌。刚开始，许海峰打得很轻松，打完第五组以后，他已经领先了。当他镇定自若地打最后一组的时候，赛场的气氛发生了巨大的变化。本来围在前奥运会自选手枪慢射项目冠军旁边的记者们觉得许海峰能够获得金牌，纷纷走到他的身后为他拍照。说话声、脚步声和按快门的声音严重影响了许海峰的正常发挥，工作人员多次制止他们，可是收效甚微。在嘈杂声中，许海峰竟然连打了两个 8 环。这下许海峰着急了，心想："不管能不能拿到金牌，我一定要好好发挥，绝不让这最后的 3 枪变成终生的遗憾。"于是，他放下枪，找了一个离记者较远的座位坐下来。他一边闭目养神，一边回想李培林教练给他定下来的"八字方针"：冷静、自主、调整、协调。他觉得自己刚才没发挥好，就是因为嘈杂的环境扰乱了他平静的心情，才直接导致了动作的协调性下降。

怎样才能让赛场恢复安静呢？许海峰想到了一个好办法。只见他走到靶位上，举起了枪，可是人们还没有听到枪响，他就把拿枪的手放下来了。第二次他举起枪又很快放下来，第三次、第四次还是这样。果然如他所料，大家都紧张得说不出话来，整个赛场终于安静了。许海峰很快进入了最佳状态，连打 3 枪以后，现场记录显示：一个 9 环，两个 10 环。历经周折，许海峰终于以 566 环的成绩，成为手枪慢射项目的冠军。中国人有了自己的奥运会金牌，这一"零"

的突破被光荣地载入了史册！

从许海峰的故事中，我们可以看出，一个参赛选手不仅要具备高超的技术，还需要沉着冷静心态。冷静使人清醒，冷静使人聪慧，冷静使人理智。遇事冷静的人，时时刻刻都能控制住自己的情绪，绝不会因为任务繁重而急于求成，也不会因为工作压力而浮躁不安。当我们在面对工作中的种种挑战时，一定要保持冷静沉稳的心理状态，学会勇敢地面对，并且在关键时刻显示自己的胆略、勇气和镇静的气度。浮躁之人无法发挥思考的力量，当然也无法有效克服困难、解决问题。一个人只有排除杂念，专心致志，将智慧、灵感全部集中调动起来，才能有所创造、有所成就。

孙浩和孙峰都是公司的业务经理，3年来，两人任劳任怨，为公司赚了不少钱，并培养出了一批销售骨干。公司提拔了一批区域销售经理，孙浩和孙峰却榜上无名，两人心里都有点憋气。

孙浩认为，自己从公司创业干到现在，一直很感激老板的知遇之恩，于是做事尽心尽力，在努力为公司赚钱的同时，还培养了一批销售骨干。现在企业做大了，论资格，论能力，自己都能胜任区域销售经理一职。可名单公布出来以后，完全出乎他的意料，出任该职位的竟然是他手下的一名员工。孙浩越想越气愤，一气之下辞职了。

孙峰看到自己未在提升之列，心里也倍感失落。他沉下心来审视自己，是否有工作做得不到位。思考之后，他认为，公司此举也许是出于企业发展的需要，而且自己很喜欢这份工作，于是仍和以前一样努力工作，不再去想职位的问题。

孙浩和孙峰都是公司的业务经理，其实公司提拔区域销售经理时原本是想用他俩的，但考虑到会大材小用，而且还有更重要的职位适合他们，所以就安排了其他人。没想到孙浩会沉不住气开路走人，这让公司总经理感到既意外又伤心，而不久后的一天，心态沉稳的孙峰突然接到通知，公司任命他为销售总监。

宁静是一种可贵的职业修养，孙峰之所以能够成为销售总监，就在于他有宁静的素养。静能生慧，静能安心，要想大智大慧，大彻大悟，必须由静做起。借用《菜根谭》中的一句话："此身常放在闲处，此心常安在静中。"

"心旷"才能有容

每个人都曾经有过这样美好的体验，在登山时，在观海时，在朝阳升起、夕阳西下的时候，我们想对着高山、流水大声呼喊几声，以释放心灵的空间。当我们的声音在山谷回荡，顺溪水荡漾时，会觉得心里静谧、安详，会有种心旷神怡的幸福。

"在山川、河海、夕阳这些自然的伟力面前，我们的心会变得宽阔、舒适、宁静。心越宽就会越旷，越旷就会越愉

212

悦。这就是所谓的'心旷神怡'。"吉祥上师说，"只有'心旷'，才能'神怡'。"是的！越开阔的地方人越容易感到心旷神怡，这就是为什么上师一直强调做人要有一颗"宽怀之心"的道理。当我们放松心情，亲近自然，才会发现生命的精彩，也才能学会包容的智慧。曾经有一个毕业于剑桥的学子，在家庭和事业都有了基础后渐渐觉出生活的空虚。到后来，竟然抑郁到不得不去看医生来调适自己的心情。医生在问了他的情况后，沉思良久，为他开了4服药。

第二天，中年人依照医生的嘱咐来到海边。他走到海边时刚好是清晨，看到广阔的大海，心情随之开朗起来。

9点整，他打开第一帖药，却发现药方上写着两个字——"谛听"。他真的坐了下来，谛听风的声音、海浪的声音，聆听自己心跳与大自然节奏的完美共鸣。

中午，他打开第二个处方，上面写着"回忆"二字。他开始回想自己从童年到少年的无忧时光，想起青年时创业的艰苦，想到父母的慈爱，兄弟朋友的情谊，生命的力量和热情在他的内心再次燃烧起来。

下午3点，他打开第三帖药方："检讨你的动机"。他开始想起自己早年创业时只顾赚钱，失去了经营事业的喜悦；为了自身利益，忘却了对他人的关怀……想到这里，他已深有感悟。

到了黄昏，他打开最后一剂"心药"——"把烦恼写在沙滩上"。他走到海边，在沙滩上写下"烦恼"两个字，潮起潮落后，他的烦恼被海风吹散，被海水拍淡，他再也找不到他的"烦恼"了。天高海阔，在自由宁静的空间，我们常常能够找到适合心灵的栖息地。在这样的环境里，我们摆脱压力，将生活中的烦恼与包袱抖落一地，剩下的只有美好的回忆和轻松前行的勇气。唐诗有云："清晨入古寺，初日照高林。曲径通幽处，禅房花木深。山光悦鸟性，潭影空人心。万籁此俱寂，唯闻钟磬音。"自然风光总是能对人的心理产生积极的作用，开阔的绿地、广袤的平原、幽静的森林、奔流的溪水，都能给人赏心悦目、心旷神怡的快感。所以，人们在繁忙的学习与工作之余，总是喜欢外出旅游。在旅游中亲近自然、忘却烦恼、消除疲劳、振奋精神、陶冶情操。

但是，人生的欢愉总是没有愁苦来得漫长。当我们被迫困在明亮的格子间高层时，当我们为烦琐的工作和恼人的业绩忙得焦头烂额时，我们很难体会到亲近自然的快乐，更谈不上心旷神怡的幸福。

想要多一份轻松和快乐，就要懂得常和自己倾谈。比如，我们在奔波忙碌的尘世中应该时常停下来听听自己心灵的声音，让自己的心灵可以随时摆脱都市生活的焦躁，可以不被眼前的人或事所牵绊，而放怀自在，自得其乐。

记得有一则广告是这样说的："心有多大，舞台就有多大。"也许，我们可以换一种比喻和想象：心有多大，生活就有多快乐。当我们的心里可以容得下海阔天空的蔚蓝，容得下自己与他人的弱点，容得下成功或失败的缺憾；那么，我们的生活将踏上一段全新的旅途。

气定才能神闲

俗话说："心澄而气定，气定得神闲，神闲养天年。"还有人说，处世的境界有三重：第一重，看山是山，看水是水；第二重，看山不是山，看水不是水；第三重，看山还是山，看水还是水。

如此说来，这些似乎都与心态有着紧密的关系。一个人只要做到了"气定神闲"这四字箴言，就自然能达到第三重境界。

现在有不少心灵修养方面的书籍很走俏，主要的原因就在于我们对生活有了更高的要求，对自身有了更深层次的认识，我们渐渐地认识到心态对我们整个人生的影响。

没有好心态，就无法让生活步入正常的轨道。所以，我们对紧张疲惫的都市生活有了更深的思考，我们渐渐懂得放慢生活的脚步，好好体会平日里被我们浮光掠影错过的生活。

曾经有一组漫画，画的是在八九点钟的北京城铁里，人山人海，摩肩接踵。人们互相推着别人往前走，谁走慢了都会遭到周围人的白眼。如果在这个时候谁的鞋被踩掉了，恐怕都没有时间和空间回头找鞋。其实，何止是北京呢？上海、广州、香港等全国各大都市，都有这样的情况。赶在早高峰上班的时候，用网友的戏称来说，人在城铁里会挤得像"明信片"一样。

也许有人会说这就是现代生活带给我们的充实，可仔细想想，除了充实之外，我们是不是还遗留了许多的现代病？比如烦躁、焦虑、紧张、失眠、抑郁……高科技的生活和高科技一样，是一柄双刃剑，有利于生活的地方，也有不利于自己的地方。吉祥上师曾经用这样三个字来总结我们今天的生活：忙、盲、茫。

第一个"忙"是说人们忙碌的状态，人忙心也忙。第二个"盲"是指人们忙碌的目标，就是盲目地忙碌，用最简单的词来说，就是瞎忙。那些看似忙忙碌碌的人，但如果你抓住他问他一句，你在忙什么？他多半都不知道。也因此，有了第三个"茫"——迷茫。人们是如此忙碌，像个陀螺一样高速旋转，好像一旦自己闲下来、停下来，生活就会塌方，世界将不可救药。

但事实上，我们都知道那句看似玩笑的真理：地球离开谁都照样运转，谁都不可能成为世界的核心。我们在建造世界改变世界的时候，却常常忘了最重要的是先建设自己。促成人们如此忙碌的并不是紧张的工作和生活，而是人们内心对追求更高物质生活的一种焦虑和饥渴。

反观我们忙忙碌碌的一生，只顾着奔向目的地，却常常因为目的性太明确，而丧失了欣赏沿途风景的心情。所以，我们总是抱怨休息太少，假期太短，好像只有时间上的空闲才能让我们的心灵得到放松似的。

我们不可能不上班、不工作，一天到晚地去度假，但我们可以自主地为心灵放个假，没有时间的约束，没有地域的局限，让心灵好好放松一下。

心灵度假内涵最重要的一点就是通过抚平我们焦虑、躁动的心灵，进而帮助我们摆脱烦恼、郁闷、狂躁等现代生活病，并在我们的内心建立起清净、开阔、欢喜的世界。让在紧张繁忙中迷失自我的我们早日破解幸福的密码，找到开启自己快乐心灵的钥匙，真正体会到身心俱安的快乐。很多人都知道瑞士是世界上国民幸福指数最高的国家，却很少有人知道瑞士的首都是不通飞机的。因为瑞士是一个多湖的国家，星罗棋布的大小湖泊遍布全国。漫步在湖边的草地上，一片静谧到极致的风雅便笼罩了你。站在水边，望着一碧如洗的水中天，简直分不清哪是水哪是天。

澄澈让所有的浮躁都变得安静下来，每个到过那里的人都会不由自主地融入这水天一色，做了画中之人。所以，当初有人提出要在首都修建机场时，绝大多数市民投票反对，因为他们不愿让飞机的噪音影响城市的安静，更不愿看到繁忙的飞机掠过城市的上空，也不愿意让现代化的进步改变他们原本快乐的生活节奏。所以，大多数人只知道瑞士是世界上最富裕的国家之一，却不知道真正富有的是他们气定神闲的灵魂。如果我们每个人的心里都能够安之若素，外在的干扰又如何能破坏得了我们的心情。就像，如果我们能够在现代化生活的疲惫中，时常给自己的心灵放个长假，让为物质生活奔忙的灵魂早点回到我们宁静的心灵家园。

戒除浮躁，平常心助你成功

怎样才能戒除浮躁，成为真正的赢家呢？面对事业上的成败得失，能够做到"得意不忘形，失意不失态"，时刻保持一颗平常心态，才是真正赢家的心态。

1997年，美国《家电》杂志公布全世界范围内增长速度最快的家电企业，海尔超过通用、西门子等世界名牌名列榜首；1998年11月30日，英国《金融时报》报道：在亚太地区声誉最佳的公司评比中海尔位居第7名，是唯一进入前10名的中国企业；同年3月25日，张瑞敏应邀登上哈佛大学讲坛，"海尔文化激活休克鱼"的案例正式写进哈佛大学教材，这是中国企业家第一次登上哈佛讲坛，中国企业以成功的业绩第一次被写入哈佛案例；1999年12月7日，英国《金融时报》公布"全球30位最受尊重的企业家"排名，张瑞敏荣居第26位，这是中国企业家在世界范围内获得的最高美誉。

　　2000年5月19日，美国科尔尼管理顾问公司、《财富》杂志集团等评选"全球最佳营运公司"，海尔是亚太地区唯一得主企业；2001年第二期美国《家电制造商》杂志对全球前10位家电制造商进行了排名，海尔集团名列第9位，排在第一位的是美国惠尔普公司，在这10个家电制造商中，有3家美国公司、两家欧洲公司和1家日本公司，中国公司只有海尔1家；2001年8月6日的《福布斯》杂志根据2000年全球白色家电品牌进行了排名，海尔雄居第6位。同年7月，张瑞敏成为《福布斯》杂志的封面人物，并且该杂志以《中国走向世界，雄心勃勃的海尔，内地跨国集团推出的国际品牌》的文章向全世界介绍了海尔。

　　2005年8月30日，《金融时报》评选中国十大世界名牌，海尔荣登榜首。在全球白色电器制造商中，海尔排名第四。

2008 年 3 月，海尔第二次入选英国《金融时报》评选的"中国十大世界级品牌"。

2009 年，海尔全球营业额实现1243亿元，品牌价值812亿元，连续 8 年蝉联中国最有价值品牌榜首。同年 12 月，据世界著名的消费市场研究机构欧洲透视发布最新数据，中国海尔在世界白色家电品牌中排名第一，全球市场占有率 5% ～ 10%。这是中国白色家电首次成为全球第一品牌。

……

一项项接踵而来的荣誉，一个个令人瞩目的成就，客观来讲，海尔所取得的这些成就跟张瑞敏兢兢业业地工作是分不开的，他也应当赢得世人的尊敬与爱戴，然而他并没有因此而得意。张瑞敏认为，作为一个企业家，必须在修身方面有了相当的成效，然后才能对社会尽到"义、利"之绩、发达之道，才能塑造出有责任感、理想的商人品格。面对自己的成绩和荣誉，张瑞敏清醒地说："如果有丝毫满足，有丝毫放慢观念的更新步伐，海尔品牌将会在一夜之间被淘汰出局。"

浮躁者追逐成功，睿智者追求成长。成长路上不要浮躁，要先成长，再成功。成长是一个漫长的过程，成功需要成长来支撑，机会就在脚踏实地中，就在兢兢业业中。工作所回报给你的要比你为它付出的多，我们要把工作看成一种成长的契机。

心浮气躁，难以成事

浮躁，乃轻浮急躁之意。一个人如果有轻浮急躁的缺点，是什么事情也干不成的。

有则寓言，说的是宋国有个种田人，为了让自己田里的禾苗长得快一些，就下到田里把禾苗一棵一棵地往上拔。拔完回到家，他对家人说："今天累坏了，我帮助田里的禾苗长高了。"他的儿子听后，忙到田里去看，只见田里的禾苗全都枯萎了。

今天用来比喻强求速成反而坏事的成语"揠苗助长"，就源于这个故事。

急于求成是永远不会获得想要的效果的，只有脚踏实地才能获得最终的成功。

浮躁心理是造成人们做事目的与结果不一致的常见原因。具有浮躁心理的人，一味地追求效率和速度，他们通常是手脚比脑袋快，想到什么做什么，却往往不会考虑结果。他们常常会犯揠苗助长的错误，让自己所做的工作事倍功半，结果只能与成功背道而驰。

小付无论学什么都是半途而废。他曾经废寝忘食地攻读法语，但要真正掌握法语，首先必须对古法语有透彻的了解，而没有对拉丁语的全面掌握和理解，要想学好古法语是绝不可能的。

小付进而发现，掌握拉丁语的唯一途径是学习梵文，因此便一头扑进梵文的学习之中，可这就更加旷日废时了。

　　小付从未获得过什么学位，他所受过的教育也始终没有用武之地，但他的先辈为他留下了一些本钱。他拿出10万美元投资办了一家煤气厂，可造煤气所需的煤炭价钱昂贵，这使他大为亏本。于是，他以9万美元的售价把煤气厂转让出去，开办起煤矿来。可他又不走运，因为采矿机械的耗资大得吓人。因此，小付把在矿里拥有的股份变卖成8万美元，转入了煤矿机器制造业。从那以后，他便像一个内行的滑冰者，在有关的各种工业部门中滑进滑出，没完没了。

　　他恋爱过好几次，可是每一次都毫无结果。他对一位姑娘一见钟情，十分坦率地向她表露了心迹。为使自己能配得上她，他开始在精神方面陶冶自己。他去一所星期日学校上了一个半月的课，但不久便自动逃遁了。两年后，当他认为问心无愧、可以启齿求婚之日，那位姑娘早已另嫁他人。

　　不久他又如痴如醉地爱上了一位迷人的、有5个妹妹的姑娘。可是，当他上姑娘家时，却喜欢上了姑娘的二妹，不久又迷上了姑娘更小的妹妹，到最后一个也没谈成功。

　　正如小付困惑的那样，为什么自己付出那么多，却终究一事无成呢？答案很简单，小付总是这山望着那山高，急于追求更高的目标，而不懂得在一个既定的目标上下功夫。殊不知，摩天大厦也是从打地基开始的呀。

　　小付这种浮躁的心态只能导致他最后落个两手空空。

很多历史上的名人也用过求速成的方法，但在追求过程中，又转向了下苦功。例如，宋朝的朱夫子是个绝顶聪明之人，他十五六岁就开始研究禅学。而到了中年之时他才感觉到，速成不是创作良方。于是他坚信"欲速则不达"这句话，之后狠下苦功，最后才获得了一定的成就。他有一句16字真言："宁详毋略，宁近毋远，宁下毋高，宁拙毋巧。"

为什么当今的人无法做到这一点呢？因为当前更多人信奉的是："随主流而不求本质"，在追求的过程中丧失了自己的目的性，不追求人生最根本的目的，转而追求一些形式上的成功。正如那句话所说的，瞬间的成就可以使人获得短暂的名利，但如果谈起永恒，无非只是皮毛之举。

"涓流积至沧溟水，拳石崇成泰华岑。"这一出自宋代陆九渊《鹅湖和教授兄韵》的诗句劝喻人们：涓涓细流汇聚起来，就能形成苍茫大海；拳头大的石头垒积起来，就能形成泰山和华山那样的巍巍高山。只要我们勤勉努力，持之以恒，那么不论自身条件与客观条件如何，都能走上成才建业之路。

耐心等待，成功有章可循

在现实生活中，常有人犯浮躁的毛病。他们做事情往往既无准备，又无计划，只凭脑子一热、兴头一来就动手去干。他们不是循序渐进地稳步向前，而是恨不得一锹挖成一眼井，一口吃成胖子。结果呢，必然是事与愿违，欲速则不达。

古时候有兄弟二人，很有孝心，每日上山砍柴卖钱为母亲治病。神仙为了帮助他们，便教他们二人：可用4月的小麦、8月的高粱、9月的稻、10月的豆、12月的雪，放在千年泥做成的大缸内密封49天，然后待鸡叫3遍后取出，汁水可卖钱。兄弟二人各按神仙教的办法做了一缸。待到49天鸡叫2遍时，老大耐不住性子打开缸，一看里面是又臭又黑的水，便生气地洒在地上。老二坚持到鸡叫3遍后才揭开缸盖，里边是又香又醇的酒，所以"酒"与"洒"字差了一小横。

当然，"酒"字的来历未必是这样。但这个故事却说明了一个深刻的道理：成功与失败，平凡与伟大，两者之间的距离往往就在一步之间，咬紧牙关向前迈一步就成功了；停住了，泄气了，只能是前功尽弃。这一步就是韧劲的较量，是意志力的较量。

我们的社会，已进入改革开放的兴旺时期，许多新鲜的外来事物都纷纷涌了进来。花花世界的花花事物，难免会对人产生极大的诱惑，而这极大的诱惑，会使人变得浮躁。许多人会想，我为什么不能拥有这些东西呢？别人可以拥有，我为什么不可以呢？

在这样的心态之下，他就浮躁起来，很想自己一下子能取得那么多物质上的东西，能享受到自己以前享受不到的东西。

可是，事情就是这样，你越着急，就越不会成功。因为着急会使你失去清醒的头脑，结果，在你的奋斗过程中，浮躁占据着你的思维，使你不能正确地制定方针、策略以稳步前进。结果呢，自然适得其反。

许多年轻人就是这样，给自己确立了"3 年计划""5 年计划"，下定决心要在 3 年内赚 3000 万元，5 年内成为一个亿万富豪。

这些年轻人之所以制订这样的计划，也许，他们心目中的学习榜样是李嘉诚。可他们这个时候却忘了，李嘉诚之所以成功，之所以成为华人首富，不是靠什么 3 年计划、5 年计划，他是一步一个脚印，通过几十年而绝不仅仅是几年的奋斗得来的，而他的奋斗也是充满了艰辛与坎坷的。这些艰辛与坎坷，我们现在说起来好像挺轻松，一下子就过去了，而在当时，他是一天一天、一小时一小时、一分一分、一秒一秒地挨过来的。对这分分秒秒的艰辛与坎坷的体味，需要多大的毅力与意志！一个浮躁的人，是不会这么细心地去品味这些滋味的，也许，他们一尝到这样的滋味，就马上退却了。而李嘉诚，作为一个稳健的人，他深知：这样的苦难是必定要经受的，只有经受这些苦难才能赢得最终的甜美。

在这里，浮躁与稳健对于一个人成败的影响，一目了然。

只有不浮躁，才会吃得起成功路上的苦。

只有不浮躁，才会有耐心与毅力一步一个脚印地向前迈进。

只有不浮躁，才会制定一个接一个的小目标，然后一个接一个地实现它，最后走向大目标。

只有不浮躁，才不会因为各种各样的诱惑而迷失方向。

224

放弃攀比，享受现实的快乐

在一次招聘会上，一个单位在收到的 84 份大学毕业生自荐表中，发现有 5 人同时为同一学校的学生会主席，有 6 人同时为同校同班"品学兼优"的班长。但是走进大学校园里调查一下，发现有人把别人的英语等级考试证书、计算机等级考试证书、奖学金证书、优秀学生干部奖状以及发表过的文章，改头换面复印，就变成了自己的"辉煌经历"……有些大学毕业的女生为了吸引用人单位的注意，更是将自己的简历搞成了豪华版的艺术照片集，以期能够被录用。

当用人单位在慨叹"现在的大学生真是浮躁"时，用人单位应该反过来想一想，自己何尝不是浮躁攀比？要人就要塔尖上的人才，要求一到单位就能文能武，十八般武艺样样能上……最好一挖就挖个宝，能够马上创造出效益，提那么高、那么偏的要求，那不是逼着求职者去涂脂擦粉、造假注水吗？

再看看社会生活的各个侧面，攀比的心态无时不在。有精心制造"皇帝的新衣"的攀比，有"移花接木""经济实惠"的攀比，更有信手拈来、"一挥而就"的攀比。投射到每个人身上不外乎是这样的表现：做事情三心二意、朝三暮四、浅尝辄止；或是东一榔头西一棒槌，既要鱼也要熊掌；或是这山望着那山高，静不下心来，耐不住寂寞，稍不如意就轻易放弃，从来不肯为一件事倾尽全力。但究其实质，不外乎是急于求成、渴望结果的超常迫切心态。

现代人的标志，也绝不止于会英语、会驾车、能够在托福考试拿得高分、懂得网络技术、享受名牌服饰，一个人如果没有对现代社会的冷静认识与思考，没有对个体人格的自觉完善以及对其他社会成员的道义关怀，他也不过是个精神上的"现代贫民"而已。

　　有位哲人说过，与他人比是懦夫的行为，与自己比是英雄。这句话乍一听不好理解，但细细品味，却也有它的道理。

　　所以，不要把你的生命浪费在和别人对比上，应该跟自己的心灵去赛跑。

　　那些老与别人进行攀比的人，他们心灵的空间挤满了太多的负累，因此无法欣赏自己真正拥有的东西。

　　其实我们不必对自己太苛求，我们又怎么知道别人一定比自己好呢？事实上每个人都有令人羡慕的东西，也都有令自己缺憾的东西，没有一个人能拥有世界的全部，重要的是在于自己的内心感觉。那些心态平和的人也许生活中物质的享受并不比任何人好，只是他能接受自己，觉得自己好而已。

　　所以，要懂得欣赏自己的生活，让自己活得随心所欲。你能改变什么让自己感到愉快，那就做一些改变。如果改变会让自己不愉快，那么不管有多少人劝你，也不应该盲从。此外，即使你已经知道改变会让你变得更好，但自己却无力改变的话，也不应该勉强去做，而要原谅自己，欣赏自己所拥有的一切。那些让自己觉得不满意的地方，要尽量忽略过去，毕竟，上帝给了我们不同的肤色、不同的个性，是为了让我们的生活多姿多彩。所以，要接受自己所谓不完美的地方，没有必要勉强自己变得完美。

那些总是抱怨自己不幸的人，不应该用沉重的欲望迷惑自己，不应该总是想着他们还不曾拥有的东西，而要静下心来，放下心灵的负担，仔细品味自己已拥有的一切。当你学会欣赏自己的每一次成功、每一份拥有，你就不难发现，自己竟有那么多值得别人羡慕的地方，幸福之神已在向你频频招手。

所以，我们要用"和自己赛跑，不和别人比较"的生活态度来面对生活。如果我们愿意放下身价，观摩别人表现杰出的地方，从对方的表现看出成功的端倪，收获最多的其实还是我们自己。不要与别人比华丽的服装，而忽视了自己真正需要提升的东西。

倾听内心宁静的声音

很多时候，我们的内心都为外物所遮蔽、掩饰，浮躁的心态占领了我们的整颗心，因此在人生中留下许多遗憾：在学业上，由于我们还不会倾听内心的声音，所以盲目地选择了别人为我们选定的、他们认为最有潜力与前景的专业；在事业上，我们故意不去关注内心的声音，在一哄而起的热潮中，我们也去选择那些最为众人看好的热门职业；在爱情上，我们常因外界的作用扭曲了内心的声音，因经济、地位等非爱情因素而错误地选择了恋爱对象……我们都是现代人，现代人惯于为自己作各种周密而细致的盘算，权衡着可能有的各种收益与损失，但是，我们唯一忽视的，便是去听一听自己内心的声音。

一位长者问他的学生:"你心目中的人生美事为何？"学生列出"清单"一张:健康、才能、美丽、爱情、名誉、财富……谁料老师不以为然地说:"你忽略了最重要的一项——心灵的宁静,没有它,上述种种都会给你带来可怕的痛苦！"

　　繁忙紧张的生活容易使人心境失衡,如果患得患失,不能以宁静的心灵面对无穷无尽的诱惑,我们就会感到心力交瘁或迷惘躁动。

　　唯有心灵宁静,才不眼热权势显赫,不奢望金银成堆,不乞求声名鹊起,不羡慕美宅华第,因为所有的眼热、奢望、乞求和羡慕,都是一厢情愿,只能加重生命的负荷,加剧心力的浮躁,而与豁达康乐无缘。

　　我们很忙,行色匆匆地奔走于人潮汹涌的街头,浮躁之心油然而生,这也是我们不去倾听内心声音的一个缘由。我们找不到一个可以冷静驻足的理由和机会。现代社会在追求效率和速度的同时,使我们作为一个人的优雅在逐渐丧失。那种恬静如诗般的岁月于现代人已成为最大的奢侈和批判对象。内心的声音,便在这种繁忙与喧嚣中被淹没。物质欲望在慢慢吞噬人的性灵和光彩,我们留给自己的内心空间被压榨到最小,我们狭隘到已没有"风物长宜放眼量"的胸怀和眼光。我们开始患上种种千奇百怪的心理疾病,心理医生和咨询师在我们的城市也渐渐走俏,我们去求医、去问诊,然后期待在内心喑哑的日子里寻求心灵的平衡。

第十二章

停止挑剔，世界上哪有百分百的完美

苛求完美，生活会和你过不去

"金无足赤，人无完人。"即使是全世界最出色的足球选手，10次传球，也有4次失误；最棒的股票投资专家，也有马失前蹄的时候。我们每个人都不是完人，都有可能存在这样或那样的过失，谁能保证自己的一生不犯错误呢？也许只是程度不同罢了。如果你不断追求完美，对自己做错或没有达到完美标准的事深深自责，那么一辈子都会背着罪恶感生活。

过分苛求完美的人常常伴随着莫大的焦虑、沮丧和压抑。事情刚开始，他们就担心失败，生怕干得不够漂亮而不安，这就妨碍了他们全力以赴地去取得成功。而一旦遭遇失败，他们就会异常灰心，想尽快从失败的境遇中逃离。他们没有从失败中获取任何教训，而只是想方设法让自己避免尴尬的场面。

很显然，背负着如此沉重的精神包袱，不用说在事业上谋求成功，在自尊心、家庭问题、人际关系等方面，也不可能取得满意的效果。他们抱着一种不正确和不合逻辑的态度对待生活和工作，他们永远无法让自己感到满足。

张爱玲在她的小说《红玫瑰与白玫瑰》中写了男主角佟振保的爱恋，同时也一针见血地道破了男人的心理以及完美之梦的破灭：白玫瑰有如圣洁的恋人，红玫瑰则是热烈的情人。娶了白玫瑰，久而久之，变成了胸口的一粒白米饭，而红玫瑰则有如胸口的砂痣；娶了红玫瑰，年复一年，则变成蚊帐上的一抹蚊子血，而白玫瑰则仿佛是床前明月光。

事实上，世界上根本就没有真正的"最大、最美"，人们要学会不对自己、他人苛求完美，对自己宽容一些，否则会浪费掉许许多多的时间和精力，最终只能在光阴蹉跎中悔恨。

世界并不完美，人生当有不足。对于每个人来讲，不完美的生活是客观存在的，无须怨天尤人。不要再继续偏执了，给自己的心留一条退路，不要因为不完美而恨自己，不要因为自己的一时之错而埋怨自己。看看身边的朋友，他们没有一个是十全十美的。

完美只是海市蜃楼的幻想

有这样一则可笑而发人深省的故事：

有一位先生娶了一个体态婀娜、面貌娟秀的太太，俩人恩恩爱爱，是人人称羡的神仙美眷。这个太太眉清目秀，性情温和，美中不足的是长了个酒渣鼻子，好像失职的艺术家，对于一件原本足以称傲于世间的艺术精品，少雕刻了几刀，显得非常地突兀怪异。

这位先生对于太太的鼻子终日耿耿于怀。一日他出外经商，行经贩卖奴隶的市场，宽阔的广场上，四周人声沸腾，争相吆喝出价，抢购奴隶。广场中央站了一个身材单薄、瘦小清癯的女孩子，正以一双汪汪的泪眼，怯生生地环顾着这群如狼似虎、决定她一生命运的大男人。

这位先生仔细端详女孩子的容貌，突然间，他被深深地吸引住了。好极了！这个女孩子的脸上长着一个端端正正的鼻子，不计一切，买下她！

这位先生以高价买下了长着端正鼻子的女孩子，兴高采烈，带着女孩子日夜兼程赶回家门，想给心爱的妻子一个惊喜。到了家中，把女孩子安顿好之后，他用刀子割下女孩子漂亮的鼻子，拿着血淋淋而温热的鼻子，大声疾呼：

"太太！快出来哟！看我给你买回来最宝贵的礼物！"

"什么样贵重的礼物，让你如此大呼小叫的？"太太狐疑不解地应声走出来。

"你看！我为你买了个端正美丽的鼻子，你戴上看看。"

这位先生说完，突然抽出怀中锋锐的利刃，一刀朝太太的酒渣鼻子砍去。霎时太太的鼻梁血流如注，酒渣鼻子掉落在地上，他赶忙用双手把端正的鼻子嵌贴在伤口处。但是无论他如何的努力，那个漂亮的鼻子始终无法黏在妻子的鼻梁上。

可怜的妻子，既得不到丈夫苦心买回来的端正而美丽的鼻子，又失掉了自己那虽然丑陋但是货真价实的酒渣鼻子，并且还受到无端的刀刃创痛。而那位糊涂丈夫的愚昧无知，更叫人可怜！

这个行为虽然让人觉得有些可笑，但是人们追求完美的心理，却与文中那个手拿利刃的丈夫如出一辙。

俗话说："人无完人，金无足赤。"人生确实有许多不完美之处，每个人都会有这样那样的缺憾，真正完美的人是不存在的，即使是中国古代的四大美女，也有各自的不足之处。历史记载，西施的脚大，王昭君双肩仄削，貂蝉的耳垂太小，杨贵妃还患有狐臭。道理虽然浅显，可当我们真正面对自己的缺陷，生活中不尽如人意之处时，却又总感到懊恼、烦躁。

绝对的光明如同完全的黑暗

人人都热爱光明，但绝对的光明是不存在的。如果真出现了绝对的光明，那也就无所谓光明与黑暗了，人们将如同在绝对的黑暗中一样。因此，万事都有缺陷，没有一个是圆满的。人世间做人做事之难，也在于任何事都很少有真正的圆满。但正是有这种不完满的存在，我们才有了丰富多彩的人生。

我们可以这样说，人生的剧本不可能完美，但是可以完整。当你感到了缺憾，你就体验到了人生五味，你便拥有了完整人生——从缺憾中领略完美的人生。

人生在世，起初谁都希望圆满：读书能上自己理想的学校，念自己喜欢的专业，做自己擅长的工作，娶（嫁）自己中意的人……然而，我们绝大多数人经历的也许是这样的生活：上了一个还不错的学校，学了一个不算讨厌的专业，干了一份糊口的工作，和一位还说得过去的人相伴一生。与原来的设定难免会有巨大的悬殊，无论是王侯将相还是凡夫俗子，所有人的人生都会有遗憾，都不会圆满。完美永远只存在于我们的想象中，它是我们的愿望，但却不可实现。

有时候，一时的丰功伟绩，从历史的角度看，却恰恰相反。乾陵有一块"无字碑"，也称丰碑，是为女皇武则天立的一块巨大的无字石碑。据说，"无字碑"是按武则天本人的临终遗言而立的，其意无非是功过是非由后人评说。武则天辉煌一时，临终前在经历了被逼退位之后，便预见到她身后将面临的无休止的荣辱毁誉的风风雨雨。所以做人做事，不管成功也好，失败也好，不管成功与失败，做到没有后患的，只有最高智慧的人，普通人不容易做到，这就是人生在世的最高处。

世上难有真正的圆满，不妨换个角度来看一时的缺陷与失落。台湾作家刘墉先生写过这样一则故事：

> 他有一个朋友，单身半辈子，快 50 岁了，突然结了婚，新娘跟他的年龄差不多，徐娘半老，风韵犹存。只是知道的朋友都窃窃私语："那女人以前是个演员，嫁了两任丈夫都离了婚，现在不红了，由他拾了个剩货。"话不知道是不是传到了他这位朋友耳里！
>
> 有一天，朋友跟刘墉出去，一边开车，一边笑道："我这个人，年轻的时候就盼着开奔驰车，没钱买不起，现在呀！还是买不起，只好买辆二手车。"他开的确实是辆老车，刘墉左右看着说："二手？看来很好哇！马力也足。"
>
> "是啊！"朋友大笑了起来，"旧车有什么不好？就好像我太太，前面嫁了个四川人，后来又嫁了个上海人，还在演艺圈二十多年，大大小小的场面见多了，现在，老了，收

了心，没了以前的娇气、浮华气，却做得一手四川菜、上海菜，又懂得布置家。讲句实在话，她真正最完美的时候，反而都被我遇上了。"

"你说得真有理，"刘墉说，"别人不说，我真看不出来，她竟然是当年的那位艳星。""是啊！"他拍着方向盘，"其实想想自己，我又完美吗？我还不是千疮百孔，有过许多往事、许多荒唐？正因为我们都走过了这些，所以两个人都成熟，都知道让，都知道忍，这种'不完美'正是一种'完美'啊！……"

"不完美"正是一种"完美"！我们老了，都锈了，都千疮百孔，总隔一阵子就去看医生，来修补我们残破的身躯，我们又何必要求自己拥有的人、事、物，都完美无瑕、没有缺点呢？

我们每一个人的生命，都被上苍划了一个缺口，虽然你不想要这个缺口，但是这个缺口却如影随形地跟着你。人生就像是一个残缺不全的圆，没有一个人的生活是圆满的，也许正是因为认识到了每个生命都有欠缺，所以我们的人生才因此而更加美丽。正如美神维纳斯的断臂，她的存在和闻名世界不能不说是一个意外。创作者的最初的意图显然是要塑造一个完美的塑像，哪个雕塑家会去追求一件残缺的艺术品来证明自己？然而，维纳斯的断臂则恰恰证明了残缺的美才是真正的完美。

人生如远行，走哪一条路都意味着放弃另一条路。不同的人生道路留下不同的缺憾，诸葛亮有诸葛亮的缺憾，贾宝玉有贾宝玉的缺憾。犹如夜幕里蕴藏着光明，缺憾之中不仅埋藏着逝去的青春和曾经的梦想，缺憾的背后还隐伏着许多生命的契机。

缺憾人生，使人类有了理想。理想，是一种可望而不可即的东西。或者说，就它的不能实现性而言才是理想。人生有缺憾，我们才有追求完美的理想和热情，也只有接受人生的缺憾性，我们才能真正理解和追求完美人生。

每个人在人生的旅途中，都会经历许多不尽如人意之事。偶然的失落与命运的错失本来是具有悲剧色彩的，但是因为命运之手的指点，结局反而会更加圆满。如果懂得了圆满的相对性，对生命的波折、对情爱的变迁，也就能云淡风轻处之泰然了。

人活一世，每个人都在争取一个完满的人生。然而，自古及今，海内海外，一个百分之百完满的人生是没有的，其实，不完满才是人生。正如西方谚语所说："你要永远快乐，只有向痛苦里去找。"你要想完美，也只有向缺憾中去寻找。所以得失荣辱我们大可不必放在心上，有了痛苦我们才会珍惜快乐的时光，有了不算完满的人生才称得上完美。

被批评不是什么坏事

乔治在纽约郊外著名的卡瑞月湖度假村工作。

一个周末，乔治正忙碌不堪时，服务生端着一个盘子走进厨房对他说，有位客人点了这道"油炸马铃薯"，他抱怨切得太厚。

乔治看了一下盘子，跟以往的油炸马铃薯并没有什么不同，但他却按客人的要求将马铃薯切薄些，重做了一份请服务生送去。

几分钟后，服务生端着盘子气呼呼走回厨房，对乔治说："我想那位挑剔的客人一定是生意上遭遇困难，然后将气借着马铃薯发泄在我身上，他对我发了顿牢骚，还是嫌切得太厚。"

乔治在忙碌的厨房中也很生气，从没见过这样的客人！但他还是忍住气，静下心来，耐着性子将马铃薯切成更薄的片状，之后放入油锅中炸成诱人的金黄色，捞起放入盘子后，又在上面洒了些盐，然后第三次请服务生送过去。

不一会儿，服务生又端着盘子走进厨房，但这回盘子里空无一物。服务生对乔治说："客人满意极了。餐厅的其他客人也都赞不绝口，他们要再来几份。"

这道薄薄的油炸马铃薯从此成了乔治的招牌菜，并发展成各种口味，今天已经是地球上不分地域、人种都喜爱的休闲食品。

乔治的成功，关键在于他在面对批评的时候，不是满腹牢骚、抱怨别人，而是能忍住怨气做好自己的工作，让顾客满意。一次一次地改进，不仅满足了顾客，同时也成就了乔治的事业。

朋友如音乐，也有觉得刺耳的时候

驰名于世的《包法利夫人》的作者是 19 世纪法国批判

现实主义作家福楼拜，他的家当时坐落在摩里略镇，是同时代法国作家龚古尔、都德、莫泊桑、梅里美等利用星期日经常聚会、讨论的地方。

后来，福楼拜家的客厅里又多了一个新面孔，他就是被称为"小说家中的小说家"的屠格涅夫，他的小说语言纯净优美，结构简洁严密。作品充满诗意的氛围和淡淡的哀愁，给人无尽回味。《最后一课》的作者都德见到了侨居法国的屠格涅夫后，向他倾诉了自己对他的才华、人品的无限仰慕及对《猎人笔记》的高度赞赏。

自此，俩人结下了深厚的友谊，屠格涅夫甚至成了福楼拜家里的常客。然而，屠格涅夫并不因为他们之间的友谊而改变他对都德著作的评价。在他看来，都德是他们圈子里"最低能的一个"，但他只把这个看法作为内心的一个秘密写进心爱的日记里。

1833年，屠格涅夫因脊髓癌病逝了。当都德无意间发现了这个秘密时，感到万分意外，就像迎头挨了一记闷棍似的，他感慨地说："我始终记得他在我的家里，在我的餐桌上，怎样温柔热情地吻着我的孩子们的事，我还收藏着他写给我的无数亲切可爱的信件。但在他的那种和蔼的微笑下却隐藏着这样的意念。天哪！人生是怎样的奇怪，希腊人的所谓'冷酷'两字是多么地真实！"

这种友情的幻灭当然使都德很伤心，但在屠格涅夫方面，却并无他的不是处。因为他将友情和作品分离了，他对都德，甚至对他的孩子有友情，但是不满意他的作品，所以才在背后说出那样的话，如果不是为了友谊，屠格涅夫也许当面就向都德说了。这样一来，都德早就和屠格涅夫绝交，也不至于有死后这样的幻灭了。

能力和才华不是选择朋友的最高标准，只要投缘，只要够朋友，这些就显得不重要了。人无完人，再好的朋友也不可能让你处处满意。那就让你的不满成为内心的秘密吧，因为朋友知道后，也许会离开你，那样会使你更加痛苦。

> 在参加《新青年》的编辑工作时，鲁迅认识了刘半农，并和他成了好朋友。对刘半农的为人，鲁迅极为赞赏，认为他勇敢、活泼、对人真诚，用不着提防。但同时，鲁迅也发觉他有些"浅"。将刘半农与陈独秀、胡适进行比较后，鲁迅说，刘半农虽浅，却如一条清溪；如果是烂泥的深渊呢，那就更不如浅一点儿的好。不料，如此热情洋溢的评论却伤害了刘半农，因为他有自卑情结。对刘半农的这种心理，鲁迅表现出了明显的憎恶。但他说："这憎恶是朋友的憎恶。"

对友人，开口之前，我们要三思，但一言既出，就坦然面对吧。从另一方面来说，这也是对彼此交情的一种检验，连几句话都承受不了的交情，毕竟是脆弱的。

包容不完美，才有完美的心境

"岂无平生志，拘牵不自由。一朝归渭上，泛如不系舟。"白居易曾在《适意》中这样表达过自己对自由生命的向往之情。自古以来，失意的文人墨客常常寄情于山水之间，希望能在游玩嬉戏的清逸洒脱中陶冶性情，驱除烦恼。闲来寄情山水，春鸟林间，秋蝉叶底，淙淙流水过竹林；四山如屏，烟霞无重数，荒径飞花桥自横。这般景象之中，也有叶的坠落，花的凋零，但置身其中却能拥有完美的心境。

很多人都执着于追求完美的人生，凡事要求完美固然很好，以示精益求精，更上一层楼，但星云大师却不断地给世人以警醒：有的人因小小的缺陷而全盘否定人生的意义，有的人因为小小的遗憾而将手中的幸福全部放弃，这样追求完美，有时反而因噎废食，流于吹毛求疵，不管于自己还是于他人，都是一种不必要的辛苦。

人生，永远都是缺憾的。佛学里把这个世界叫作"婆娑世界"，翻译过来便是能容忍许多缺陷的世界。这个世界本来就是有缺憾的，如果没有缺憾就不能称其为"人世间"。在这个缺憾的世间，便有了缺憾的人生。因此苏东坡词曰："人有悲欢离合，月有阴晴圆缺，此事古难全……"这是人生的实相所在。

人生实相，就如一只飘摇的生命之舟，无所牵系，却有各种承载。小船向前行进的时候，苦与乐、爱与恨、善与恶、得与失、成功与失败、聪明与愚钝……纷纷从两侧上船，它们都是生命的必然伴侣。

如此看来，生命是有缺陷的，我们不能只接受幸福的垂青，却把不和谐的因素完全屏蔽。

面对人生缺憾，星云大师主张该留有余地，他认为尽善尽美并不是绝对好，这与清人李密庵主张所谓"半"的人生哲学一样，都在告诫世人不要过度追求圆满。日本有一派禅宗书道在挥毫泼墨时总留下几处败笔，都是意在暗示人生没有百分之百的圆满完美。更有日本东照宫的设计者因为自觉太完美，恐怕会遭天谴，故意把其中一支梁柱的雕花颠倒。

"我走过阳关大道，也走过独木小桥。路旁有深山大泽，也有平坡宜人；有杏花春雨，也有塞北秋风；有山重水复，也有柳暗花明；有迷途知返，也有绝处逢生。"这是已逝的国学大师季羡林对自己人生的总结，他坦承自己的人生并不完美，但正是这种不圆满才是真正的人生。

换位思考，走入他心灵的栖息之地

每天油盐酱醋茶，天天面对，少了激情，少了浪漫，少了先前相互之间的体贴。这种平淡让你错以为自己不再爱对方，可是到头来才觉醒"蓦然回首，那人却在灯火阑珊处"。

女人有了外遇，要和丈夫离婚。丈夫不同意，女人便整天吵吵闹闹。没有办法，丈夫只好答应妻子的要求。不过，离婚前，他想见见妻子的男朋友。妻子满口答应。第二天一大早，女人便把一个高大英俊的中年男人带回家来。

女人本以为丈夫一见到自己的男朋友必定气势汹汹地讨伐。可丈夫没有，他很有风度地和男人握了握手。然后，他说他很想和她男朋友谈一谈，希望她回避一下。女人只得听从丈夫的建议。站在门外，女人心里七上八下，生怕两个男人在屋内打起来。然而结果证明，她的担心完全是多余的。几分钟后，两个男人相安无事地走了出来。

送男友回家的路上，女人忍不住问："我丈夫和你谈了些什么？是不是说我的坏话？"男人一听，停下了脚步，他惋惜地摇摇头说："你太不了解你丈夫了，就像我不了解你一样！"女人听完，连忙申辩道："我怎么不了解他，他木讷，缺少情趣，家庭保姆似的，简直不像个男人。""你既然这么了解他，就应该知道他跟我说了些什么。""说了些什么？"女人非常想知道丈夫说的话。"他说你心脏不好，但易暴易怒，结婚后，叫我凡事顺着你；他说你胃不好，但又喜欢吃辣椒，叮嘱我今后劝你少吃一点辣椒。""就这些？"女人有点吃惊。"就这些，没别的。"听完，女人慢慢低下了头。男人走上前，抚摸着女人的头发，语重心长地说："你丈夫是个好男人，他比我心胸开阔。回去吧，他才是真正值得你依恋的人，他比我和其他男人更懂得怎样爱你。"说完，男人转过身，毅然离去。

自从这次风波过后，女人再也没提过"离婚"二字，因为她已经明白，她拥有的这份爱，就是世界上最好的那份。

每个人都期盼能和生命中的另一半演绎一场轰轰烈烈的爱情，然后对方在漫长的生活中成为能读懂自己的知己。但是，生活久了，你会发现，在这个世界能找个心心相印的异性非常不容易，找个一辈子相依相守的伴侣更是难上加难。

重新接纳悔过的爱人

什么是爱？爱就是无限的宽容。如果你还爱着他 / 她，为什么不能原谅他 / 她曾经的过错，接纳悔过的爱人呢？

人们常用"好马不吃回头草"来形容失去爱情后的立场。说这种话的人其实是不懂得爱情真谛的人。他们考虑的可能是面子问题、志气问题，因此对方回心转意了，你虽然也还爱着她，却由于死要面子不肯再接受她，结果落得个两地相思、劳燕分飞，这就是死要面子的结果。

枫和丽在大学就是恋人。丽不仅身材漂亮，而且风雅别致，富于幻想。枫是班长，文采极佳。他们经过了一段浪漫的交往之后，毕业时双双南下，各自找到了适于自己施展才能的单位。一年后他们通过分期付款的方式买了一套住房。也就是在这时，家庭的小舟不知是哪儿出现了毛病，竟不再向前行驶。他们冷战，然后离婚。当两人打车去办理处的时候，心里都很难受，但事情已经闹到这个地步了，两人还是签了字。

离婚后，枫没结婚，丽也没有找朋友，尽管他们都还很年轻。有一次丽的妈妈发现女儿躲在房间里哭，就叹了一口气："真是冤家呀！你还挂念着他吧！干脆，我牺牲自己的老脸，去帮你说说？"没想到丽却说什么也不肯："哪有女方主动的呀！"枫的日子也不好过，他总会想起丽来，一个人躲在家里喝闷酒。一个朋友打趣说："枫！你不是打算和丽复合吧？好马可是不吃回头草的呀！"被说中了心事的枫微怒起来："谁说我要回头的？下辈子也别想！"这句话不知怎么就传到了丽的耳朵里，半年后，丽结婚了，那一天，枫跑到海边大哭了一场。

"好马不吃回头草！"这句话不知使多少人丧失了找回真爱的机会。太多的人在面临感情的反复时，往往意气用事，明知心中还喜欢对方，却硬要强撑"骨气"，不肯低头，不肯回头。其实，在面临回不回头的关卡时，你要考虑的不是面子问题和志气问题，而是现实问题。如果你还爱她，如果你还留恋那段美好的感情，为什么不回头去试试呢？

在爱情的天平上，迁就等同于包容

婚姻是人生最重要的结盟。它是心、身与经济的联系，家庭就是最佳的智囊团，当一对夫妇心灵一致、目标一致时，这个无价的结合可以令他们飞向无限的高峰。

每一个成功男人的背后都有一个默默支持他的女人。

香港金王胡汉辉正是这样一位成功而幸运的男人。

胡汉辉与太太杨铭榴在抗日救亡运动中相识后，俩人感情日益深厚。每每讲起自己的太太，胡汉辉就立即变得眉飞色舞。

"我老婆好迁就我。我中意游泳，她不会，就猛学。暑期日日去金银贸易场泳棚苦练。""我家里，除了我再没人吃辣子，但是我就中意川菜，于是她又去学，专煮川菜，同咖喱一起给我吃。她完全适应着我的嗜好。"

那时，胡太太从师范毕业以后，一直在学校教书，后来又做香港的职业学校的女校长，对教育事业很有感情。但胡汉辉的业务日益庞大，便向太太求助，要她先别教书来帮帮忙。"这样她连退休金都不要，辞了职就来帮我。"

除了这些为了丈夫事业的"牺牲"外，她对胡汉辉事业也有过不小帮助。

胡汉辉是在广州读的书，起初英文知识很有限，而杨铭榴是香港的高才生，所以起初胡汉辉与外商谈判时，身边总少不了太太"保驾"，久而久之，她便成了金王得力的"外交大臣"。胡汉辉大发后，她与以前一样，一点没有阔太太的架子，不但持家朴素，上班也依旧坐公交车，也很少披金挂银。

胡汉辉在事业如日中天时因病去世，可以令他含笑九泉的是，他的太太继承了他的事业，并把他的事业推上了一个更高的台阶。

在婚姻中，互相迁就是维系婚姻关系的一项重要原则。对对方的迁就其实也是对对方的一种尊重与欣赏，是相互之间的体谅。这样的婚姻能令双方都有愉悦的心情工作与生活。

中国自古崇尚夫妻间的相敬如宾、举案齐眉，讲的就是夫妻间能够做到相互体谅、互相尊重。在迁就对方的同时，应该保持一定的自我原则，不可事无对错都一味忍让。盲目服从的爱情并不能称其为伟大的爱情，真正的爱情是相爱双方有原则地妥协与体谅，单方面的牺牲只能称为单方面的爱。

图书在版编目（CIP）数据

别让坏脾气害了你 / 邢群麟编著. -- 北京 ： 线装
书局，2018.3（2019.12）
ISBN 978-7-5120-3021-3

Ⅰ. ①别… Ⅱ. ①邢… Ⅲ. ①情绪—自我控制—通俗
读物 Ⅳ. ① B842.6-49

中国版本图书馆 CIP 数据核字（2017）第 300606 号

别让坏脾气害了你

编　　著：邢群麟
责任编辑：白　晨
出版发行：线装书局
　　　　　地　址：北京市丰台区方庄日月天地大厦 B 座 17 层（100078）
　　　　　电　话：010-58077126（发行部）010-58076938（总编室）
　　　　　网　址：www.zgxzsj.com
经　　销：新华书店
印　　制：北京一鑫印务有限责任公司
开　　本：880mm×1230mm　1/32
印　　张：8
字　　数：183 千字
版　　次：2019 年 12 月第 1 版第 3 次印刷
印　　数：10001—30000 册

定　　价：36.00 元

线装书局官方微信